Heidelberger Taschenbücher Band 260

Ernst Schröder

Massenspektrometrie
Begriffe und Definitionen

Mit 44 Abbildungen

Springer-Verlag
Berlin Heidelberg New York
London Paris Tokyo
Hong Kong Barcelona Budapest

Dr. Ernst Schröder
Finnigan MAT GmbH
Postfach 14 40 62
2800 Bremen 14

ISBN-13:978-3-540-53329-0

CIP-Titelaufnahme der Deutschen Bibliothek
Schröder, Ernst: Massenspektrometrie : Begriffe und Definitionen / Ernst Schröder. –
Berlin ; Heidelberg ; New York ; London ; Paris ; Tokyo ; Hong Kong ; Barcelona :
Springer, 1991.
(Heidelberger Taschenbücher ; Bd. 260)
ISBN-13:978-3-540-53329-0   e-ISBN-13:978-3-642-76206-2
DOI: 10.1007/978-3-642-76206-2

NE: GT

Dieses Werk ist urheberrechtlich geschützt. Die dadurch begründeten Rechte, insbesondere die der Übersetzung, des Nachdrucks, des Vortrags, der Entnahme von Abbildungen und Tabellen, der Funksendung, der Mikroverfilmung oder der Vervielfältigung auf anderen Wegen und der Speicherung in Datenverarbeitungsanlagen, bleiben, auch bei nur auszugsweiser Verwertung, vorbehalten. Eine Vervielfältigung dieses Werkes oder von Teilen dieses Werkes ist auch im Einzelfall nur in den Grenzen der gesetzlichen Bestimmungen des Urheberrechtsgesetzes der Bundesrepublik Deutschland vom 9. September 1965 in der jeweils geltenden Fassung zulässig. Sie ist grundsätzlich vergütungspflichtig. Zuwiderhandlungen unterliegen den Strafbestimmungen des Urheberrechtsgesetzes.

© Springer-Verlag Berlin, Heidelberg 1991

Die Wiedergabe von Gebrauchsnamen, Handelsnamen, Warenbezeichnungen usw. in diesem Werk berechtigt auch ohne besondere Kennzeichnung nicht zu der Annahme, daß solche Namen im Sinne der Warenzeichen- und Markenschutz-Gesetzgebung also frei zu betrachten wären und daher von jedermann benutzt werden dürften.

Sollte in diesem Werk direkt oder indirekt auf Gesetze, Vorschriften oder Richtlinien (z. B. DIN, VDI, VDE) Bezug genommen oder aus ihnen zitiert worden sein, so kann der Verlag keine Gewähr für Richtigkeit, Vollständigkeit oder Aktualität übernehmen. Es empfiehlt sich, gegebenenfalls für die eigenen Arbeiten die vollständigen Vorschriften oder Richtlinien in der jeweils gültigen Fassung hinzuzuziehen.

52/3020-543210 – Gedruckt auf säurefreiem Papier.

Vorwort

Beschränkte sich der Begriff „Massenspektrometrie" noch vor gut zehn Jahren im wesentlichen auf die Elektronenstoßionisation-Massenspektrometrie (EI-MS) flüchtiger, organisch chemischer Verbindungen, so muß der Begriff heute nach einer explosionsartigen Entwicklung in der Gerätetechnik (z. B. Tandemmassenspektrometer) und bei den Ionisierungsverfahren (z. B. FAB-Ionisierung) sehr viel weiter gefaßt werden. Dies konfrontiert die Studenten der analytischen Chemie ebenso wie den analytisch chemischen Praktiker mit einer Begriffsvielfalt, die im Rahmen der gängigen Lehrbücher nicht oder nur am Rande abgehandelt werden kann. Hier versteht sich das vorliegende Taschenbuch als Ergänzung. Es gibt anhand von Begriffen und Definitionen einen Überblick über die aktuellen Möglichkeiten in der modernen Massenspektrometrie. Dabei wurde einem breitgefächerten Überblick gegenüber einer sehr ausführlichen Informationstiefe der Vorrang eingeräumt. Querverweise im Text und angefügte Literaturzitate geben Hinweise auf weitergehende Informationen. Auf ausführliche Interpretationsanleitungen von Massenspektren wurde bewußt verzichtet, da dies den lexikalischen Charakter des Buches zerstört hätte.

Das Buch soll nicht nur für Studenten der Chemie und für den analytischen Chemiker eine Hilfe beim Lesen der neueren Literatur sein, es wendet sich an alle, für die die Massenspektrometrie ein zusätzliches Werkzeug sein kann, so auch an Physiker, Biologen und Mediziner.

Bremen, im April 1991　　　　　　　　　　Ernst Schröder

Allylspaltung (→ Benzylspaltung)
beobachtet man nach positiver Ionisation einer Doppelbindung unter
Ausbildung eines allylischen Carbonium-Ions:

$$R-CH=CH-CH_2-R \longrightarrow R-\overset{+}{C}H-CH\overset{\frown}{-}CH_2\overset{\frown}{-}R$$
$$\longrightarrow R-\overset{+}{C}H-CH=CH_2 + R^\bullet$$

α-Spaltung
wird nach Ionisation durch Abstraktion eines Elektrons aus einem
nichtbindenden Elektronenpaar eines Heteroatoms im ionisierten
Molekül beobachtet:

$$R-\overset{+\cdot}{N}-CH_2\overset{\frown}{-}R \longrightarrow R-\overset{+}{N}=CH_2 + R^\bullet$$
$$\underset{R}{|} \underset{R}{|}$$

$$R-\overset{+\cdot}{O}-CH_2\overset{\frown}{-}R \longrightarrow R-\overset{+}{O}=CH_2 + R^\bullet$$

$$R-\overset{\overset{O\updownarrow}{\|}}{C}-R \longrightarrow R-C\equiv\overset{+}{O} + R^\bullet$$

Literatur (zu Allyl- und α-Spaltung; s.a. Tabelle 2, S. 85 ff.)
1. H. Budzikiewicz, C. Djerassi, D.H. Williams: Interpretation of Mass Spectra of Organic Compounds. Holden Day, San Francisco 1964
2. K. Biemann: Mass Spectrometry. Mc-Graw-Hill, New York 1962
3. F.W. McLafferty: Mass Spectrometry of Organic Ions. Academic Press, New York 1963

Analysator
ist der in einem Massenspektrometer zur Trennung eines Ionen-
bündels nach Masse-zu-Ladungsverhältnissen eingesetzte Geräteteil.

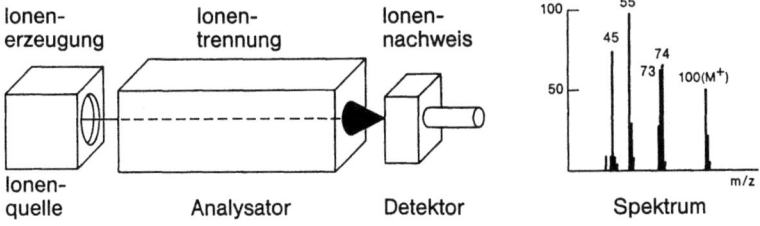

Abb. A1

Tabelle A1. Gebräuchliche Analysatoren in der Massenspektrometrie

Analysator	Wirkung	Erreichbare Auflösung	Massenbereich	Verwendung
Magnetisches Sektorfeld	Impuls	5000	bis 1500	organisch chemische Massenspektrometrie, →Isotopenanalyse
Elektrostatisches Sektorfeld	Energie	50	–	→Doppelfokussierung, →Tandemmassenspektrometrie
Doppelfokussierendes Sektorfeld	Impuls und Energie	> 100 000	bis 50 000	organisch chemische Massenspektrometrie, Biochemie
Quadrupolfilter	Massenfilter	Einheits-auflösung	bis 4000	organische chemische Massenspektrometrie, Isotopenanalyse
Quistor (Ionenkäfig, Ion-Trap)	Massenfilter	Einheits-auflösung 10000	bis 600	organisch chemische Massenspektrometrie
Flugzeitspektrometer	Geschwindigkeit		> 200 000	Oberflächenuntersuchungen, Biochemie
Ionencyclotron-resonanz-Spektrometer		1 000 000		Ionen/Molekül-Reaktionen

Analysatoren, die in der Massenspektrometrie eingesetzt werden, können auf sehr vielfältigen physikalischen Prinzipien basieren. Die derzeit wichtigsten Analysatortypen sind in Tabelle A1 zusammengestellt.

Literatur
1. H. Kienitz: Massenspektrometrie. Verlag Chemie, Weinheim 1968
2. W. Blauth: Dynamische Massenspektrometer. Vieweg, Braunschweig 1965

API-Ionenquelle → Atmosphärendruck Ionenquelle

Atmosphärendruck Ionenquelle (API, Abkürzung aus dem Engl.: *Atmospheric Pressure Ion Source*) wurde erstmals 1973 beschrieben [1] und hat inzwischen in verschiedenen Anwendungen ihren Einsatz gefunden. In ihr erfolgt die Primärionisation nicht mittels einer Glühkathode, da sich der Ionisierungsraum unter Atmosphärendruck befindet. Stattdessen erzeugt man den Primärionenstrahl entweder aus den Strahlen einer ^{63}Ni-Quelle oder aus einer Koronarentladung an einer Nadelelektrode (Abb. A2).

Die in den beiden Verfahren gebildeten hochenergetischen Primärelektronen werden in der Ionisierungsregion am Stickstoff der Luft oder am als Interfacegas zugeführtem Stickstoff in thermische Elektronen konvertiert.

$$2\,N_2 + e^- \text{ (hochenergetisch)} \rightarrow N_2^+ + 2\,e^- \text{ (niederenergetisch)}.$$

Das Interfacegas, das den Gasraum zwischen Ionenquelle und Massenanalysator trennt, bewirkt zusätzlich durch Gasstöße den Zerfall von höheren Wasserclustern $(H_2O)_n \cdot H$ ($n = 4-8$), die als Untergrundsignale in Massenspektren aus API-Quellen auftreten [2].

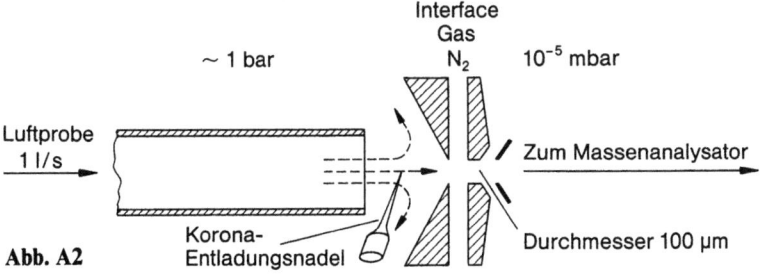

Abb. A2

API-Quellen ionisieren sehr empfindlich Spurenverbindungen in der Luft. Sie finden daher in Kombination mit →Quadrupolmassenspektrometern ihre Anwendung bei der Untersuchung von Verunreinigungen extrem niedriger Konzentration in Luft [3, 4].
Sie haben sich darüber hinaus in jüngerer Zeit auch für die Kopplung von Flüssigchromatographen an Massenspektrometern bewährt [7, 8]. Für die →Elektrospray-Ionisation und für die Ionisation in einem →induktiv gekoppelten Plasma (ICP) werden ebenfalls Atmosphärendruck-Ionenquellen verwendet.

Literatur
1. E.C. Horning, M.G. Horning, D.I. Carrol, I. Dzidio, R.N. Stillwell: Anal. Chem. *45*, 936 (1973)
2. J. Sunner, G. Nicol, P. Kebarle: Anal. Chem. *60*, 1300 (1988)
3. N.M. Reid, J.A. Buckley, J.B. French, C.C. Poon: Adv. Mass Spectrom. *8B*, 1843 (1979)
4. D.I. Carrol, I. Dzidio, E.C. Horning, R.N. Stillwell: Appl. Spectros. Rev. *17*, 337 (1981)
5. C.J. Proctor, J.F.J. Todd: Org. Mass Spectrom. *18*, 509 (1983)
6. S.N. Ketkar, J.G. Dulak, W.L. Fite, J.D. Buchner, S. Dheandhanoo: Anal. Chem. *61*, 260 (1989)
7. T. Covey, E. Lee, A. Bruins, J. Henion: Anal. Chem. *58*, 1451A (1986)
8. M. Sakairi, H. Kambara: Anal. Chem. *61*, 1159 (1989)

Auffänger (Kollektor, Detektor)
Ionen, die in einem Massenspektrometer nach ihrem Verhältnis von Masse zu Ladung getrennt worden sind, müssen registriert werden. Zu diesem Zweck ist hinter dem Massenanalysator (→Magnetischer Massenanalysator, →Quadrupolmassenspektrometer, →Flugzeitmassenspektrometer) ein geeigneter Detektor angebracht. Neben dem Faraday-Auffänger setzt man für die Registrierung kleiner Ionenströme den →Sekundärelektronenvervielfacher (SEV) ein.

Die bei doppelfokussierenden Sektorfeldgeräten mit Matauch-Herzog-Geometrie übliche Fotoplatte findet kaum noch Verwendung. In speziellen Fällen, in denen die simultane Registrierung eines größeren Massenbereichs notwendig ist, setzen sich zunehmend Vielkanaldetektoren gegen die Fotoplattenregistrierung durch.

Literatur
1. J. Watson: Introduction to Mass Spectrometry, 2. Ed. Raven Press, New York 1985

Auflösungsvermögen
Um Ionen mit geringen Massendifferenzen von einander getrennt registrieren zu können, muß das verwendete Massenspektrometer ein genügend hohes Auflösungsvermögen haben. Es ist definiert als das Verhältnis der Massenzahl m und der Differenz Δm, mit der ein Ion der Masse m + Δm von m differiert (Abb. A3).

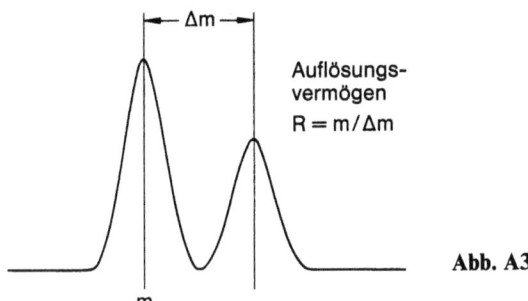

Abb. A3

Für die „Qualität" der Trennung gibt es verschiedene Definitionen. Bei Massenspektrometern mit →magnetischen Massenanalysatoren ist eine 10%-Tal-Definition üblich. Das bedeutet die Intensität im „Tal" zwischen den beiden voneinander getrennten Peaks, die sich aus der Peaküberlappung ergibt, soll 10% der Peakhöhe betragen. Bei →Quadrupolmassenspektrometern, die eine Einheitsauflösung haben, gilt gewöhnlich eine 50%-Tal-Definition der Auflösung. Der Begriff „Einheitsauflösung" berücksichtigt, daß Quadrupolmassenspektrometer in aller Regel nur über soviel Auflösungsvermögen verfügen, daß jede →nominelle Masse von der nächsten getrennt ist.

Literatur
1. J. Watson: Introduction to Mass Spectrometry, 2. Ed. Raven Press, New York 1985
2. H. Kienitz: Massenspektrometrie. Verlag Chemie, Weinheim 1968
3. H. Budikiewicz: Massenspektrometrie, 2. Aufl. Verlag Chemie, Weinheim 1980

Auftrittspotential (→Ionisierungspotential)
Als Auftrittspotential (AP) eines Ions in einem Massenspektrum wird die Energie bezeichnet, die auf ein Molekül übertragen werden muß, um die Bildung dieses Ions anzuregen (Bildungsenthalpie ΔH):

Austrittsspalt

$$XY \rightarrow X^+ + Y + \Delta H$$

Es gilt

$$AP(X^+) = \Delta H = \Delta H(X^+) + \Delta H(Y) - \Delta H(XY)$$

Literatur
1. H. Budzikiewicz: Massenspektrometrie, 2. Aufl. Verlag Chemie, Weinheim 1980

Austrittsspalt → Magnetischer Massenanalysator

Benzylspaltung (→ Allylspaltung)

findet nach positiver Ionisation eines alkylsubstituierten aromatischen Systems unter Ausbildung eines benzylischen Carboniumions statt:

[Reaktionsschema: Ph-CH$_2$-R → [Ph-CH$_2$-R]$^{+\cdot}$ → [Ph=CH$_2$]$^+$ + R$^\cdot$ ↔ [Ph-CH$_2$]$^+$]

Literatur (s. a. Tabelle 2, S. 85 ff.)
1. H. Budzikiewicz: Massenspektrometrie, 2. Aufl. Verlag Chemie, Weinheim 1980

Beschleunigungsspannung

nennt man die Spannung, die das zum Transfer der Ionen von der Ionenquelle zum → Analysator notwendige elektrische Feld aufbaut. Abhängig vom Wirkungsprinzip des verwendeten Massenanalysators kann diese Spannung einige Volt (beim Quadrupolfilter) oder einige tausend Volt (bei → magnetischen Massenanalysatoren) betragen.

Literatur
1. J. Watson: Introduction to Mass Spectrometry, 2. Ed. Raven Press, New York 1985
2. H. Kienitz: Massenspektrometrie. Verlag Chemie, Weinheim 1968

Chemische Ionisation (CI) bezeichnet im Unterschied zur → Elektronenstoßionisation den Prozeß, bei dem die Probe nicht direkt durch Elektronenbeschuß (EI), sondern durch Ionenmolekülreaktionen mit einem im Überschuß zugesetzten ionisierten Gas (CI-Plasma) erfolgt.

In der Praxis benutzt man den EI-Ionenquellen ähnliche Ionisationskammern, die zum Erreichen des notwendigen Gasdruckes (2 bis 15 Pa in der negativen chemischen Ionisation und 10 bis 100 Pa in der positiven chemischen Ionisation) soweit wie möglich gasdicht sind. Sie besitzen daher nur Bohrungen für den Eintritt des Primärelektronenstrahls und den Austritt des Ionenstrahls sowie eine Zuleitung für das CI-Gas (Abb. C1).

Übliche Reaktandgase für die chemische Ionisation sind Isobutan, Methan und Ammoniak. Für einige spezielle Anwendungen wurden

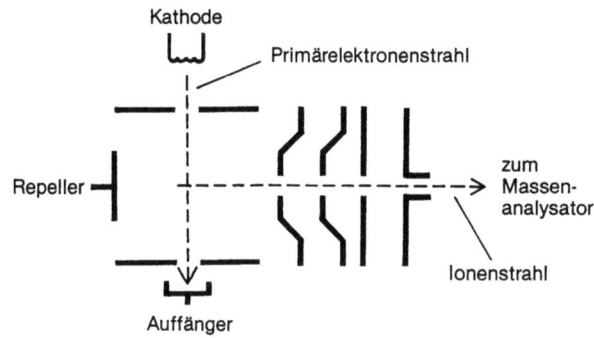

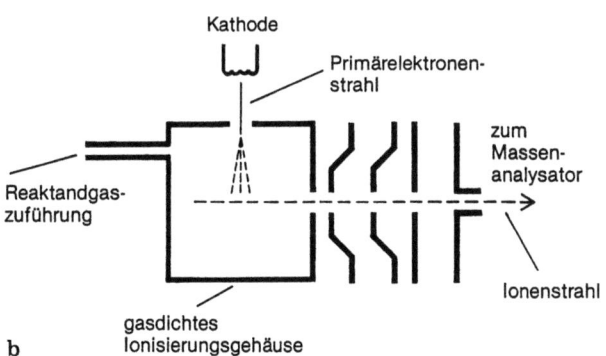

Abb. C1. a EI-Ionenquelle; **b** CI-Ionenquelle

auch der Einsatz von Stickstoffmonoxid, verschiedenen Alkylaminen und Mischungen von Reaktandgasen beschrieben [1, 2].
Die folgenden Reaktionen werden unter chemischer Ionisation beobachtet:

Ladungstausch (wenn IP(Hilfsgas) > IP(Substanz)):

$$X^+ + M \rightarrow M^{+\cdot} + X.$$

Die Überschußenergie, die auf das ionisierte Substrat übertragen wird, entspricht der Differenz der beiden Ionisierungspotentiale. Potentialdifferenzen über 5 eV führen zu EI-analogen Spektren.

Ionenmolekülreaktionen:
a) Protonierung:

$$M + XH^+ \rightarrow MH^+ + X,$$

z. B. $C_4H_9-CO-C_4H_9 + t-C_4H_9^+$
$$\rightarrow C_4H_9-COH^+ - C_4H_9 + i - C_4H_8;$$

b) Hydridabstraktion:

$$M + X^+ \rightarrow [M-H]^+ + XH,$$

z. B. $n-C_{10}H_{22} + CH_5^+ \rightarrow n-C_{10}H_{21}^+ + CH_4 + H_2;$

c) Anlagerung:

$$M + X^+ \rightarrow MX^+,$$

z. B. $C_6H_{12}O_6 + NH_4^+ \rightarrow [C_6H_{12}O_6 \cdot NH_4]^+.$

Literatur
1. J. Watson: Introduction to Mass Spectrometry, 2. Ed. Raven Press, New York 1985
2. H. Kienitz: Massenspektrometrie. Verlag Chemie, Weinheim 1968
3. A. G. Harrison: Chemical Ionization Mass Spectrometry. CRC Press, Boca Raton 1983

Chromatographie
Chromatographische Methoden haben in der analytischen Chemie eine so große Bedeutung für die Trennung von Substanzgemischen erlangt, daß sie in der Regel den spektroskopischen Methoden zur Strukturaufklärung vorgeschaltet werden.

Während heute in den meisten Labors Chromatographie und Spektroskopie immer noch voneinander getrennt sind („Off-Line"-Betrieb), wird in Zukunft die Kopplung der Methoden zunehmen („On-Line-Betrieb"). Für die „On-Line"-Kopplung chromatographischer Systeme kommen in der Massenspektrometrie die Gas- und die Hochdruck-Flüssigchromatographie in Frage [1, 2].

In der Kopplung von Gaschromatographie und Massenspektrometrie (GC/MS-Kopplung) hat sich die Verwendung von Dünnfilmkapillarsäulen durchgesetzt, da durch den hierfür notwendigen niedrigen Gasstrom mit 1 bis 2 ml/min aufwendige Gasseparatoren überflüssig wurden. Der Druckanstieg durch den konstanten Gaseinstrom in das →Vakuum des Massenspektrometers ist unter diesen Bedingungen immer noch so niedrig, daß das Spektrometer in seinen Funktionen nicht beeinträchtigt ist.

Die Situation ist grundlegend anders bei der Kopplung von Hochdruck-Flüssigchromatographen mit einem Massenspektrometer (LC/MS-Kopplung), da hier 1 bis 2 ml Lösemittel pro Minute durch die chromatographische Säule gefördert werden. Dies entspricht einem Gasstrom von 20 bis 40 ml/min.

In der Praxis haben sich zwei Verfahren der LC/MS-Kopplung durchgesetzt. Beim → Moving Belt-Verfahren wird die Probe vor dem Einbringen in die Ionenquelle vom chromatographischen Laufmittel befreit [3]. Beim → Thermospray-Verfahren werden Probe und Lösemittel durch die Ionenquelle des Spektrometers durchgeleitet, wobei das Lösemittel am Ionisationsprozeß beteiligt sein kann [4]. Durch die Entwicklung von Mikrohochdruckflüssigchromatographen und → Continuous Flow FAB konnte auch die Analytik von Peptidgemischen erheblich vereinfacht werden. Die Kopplung von Chromatographen auf der Basis superkritischer Flüssigkeiten mit Massenspektrometern (→ SFC/MS-Kopplung) steckt noch in den Anfängen.

Literatur
1. G. Schomburg: Gaschromatographie. Verlag Chemie, Weinheim 1977
2. H. R. Engelhardt: Hochdruck-Flüssigkeits-Chromatographie, 2. Aufl. Springer, Berlin, Heidelberg, New York 1977
3. D. E. Games, M. A. McDowall, K. Levsen, K. H. Schäfer, P. Dobberstein, J. L. Gower: Biomed. Mass Spectrom. *11*, 87 (1984)
4. C. R. Blakley, M. L. Vestal: Anal. Chem. *55*, 750 (1983)

CI, CI-Plasma → Chemische Ionisation

Computer
In der Massenspektrometrie dienen Computer primär als Registriereinrichtungen der analog am Detektor registrierten Massenspektren. Sie steuern inzwischen fast alle Funktionen eines Massenspektro-

Continuous Flow FAB

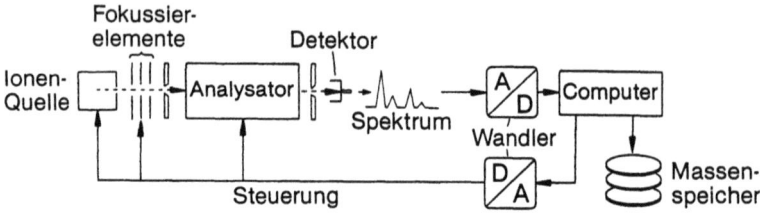

Abb. C2

meters (über Digital/Analog- bzw. Analog/Digital-Wandler). Mit dem Computer können nach →Digitalisierung die Spektren gespeichert, manipuliert (Untergrundsubtraktion, Spektrenmittelung) und mit Spektrenbibliotheken verglichen werden (Abb. C2) [1]. Eine Vollautomatisierung der MS-Analytik von der Probenzuführung mit „Autosamplern" bis hin zur Auswertung komplexer GC-MS-Chromatogramme (→Chromatographie) gehört durch den Einsatz von Computern in großen Massenspektrometrielabors zum Standard. Geeignete Konvertierungsprogramme ermöglichen einen Austausch von Spektren verschiedener Datenformate (bedingt durch herstellerspezifische Unterschiede). Damit ist ein Zugriff auf beliebige →Spektrenbibliotheken möglich.

Literatur
1. J. R. Chapman: Computer in Mass Spectrometry. Academic Press, New York 1978

Continuous Flow FAB (CFF)
ist eine aus dem →„Fast Atom Bombardment" (FAB) abgeleitete Kopplungseinrichtung zwischen (Mikro-)Hochdruckflüssigchromatographen und Massenspektrometern. Das Eluat wird nach Zumischen von 5 bis 20% Glyzerin durch eine Quarzkapillare direkt auf

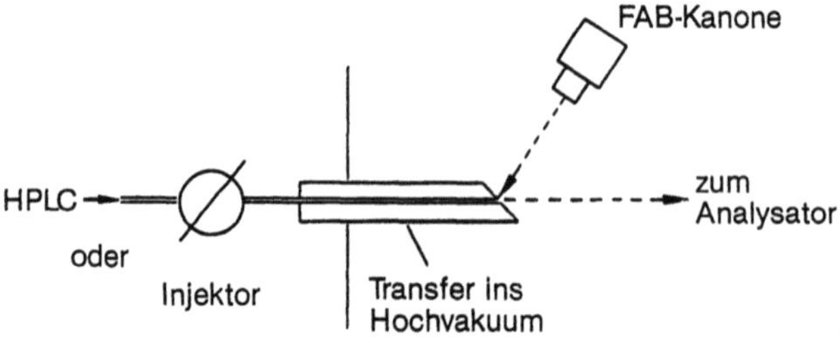

Abb. C3

das FAB-Target in die Ionenquelle geleitet und unter Atombeschuß ionisiert [1]. Im Vergleich zum Standard-FAB sind als Vorteil ein erheblich geringeres chemisches Rauschen, kontinuierliche Probenzufuhr über Injektor (ohne Ein- und Ausschleusen ins Hochvakuum) und eine höhere Nachweisempfindlichkeit zu nennen (Abb. C3).

Literatur
1. R. M. Caprioli, T. Fan, J. S. Cottrell: Anal. Chem. *58*, 2949 (1986)

Daughterscan → Tandemmassenspektrometrie

DCI → Direkte Chemische Ionisation

DEI
Abkürzung für direkte Elektronenstoß-Ionisation (→ direkte chemische Ionisation).

Detektor → Auffänger

Digitalisierung
die Wandlung analoger Daten (hier Massenspektren) in für digitale Rechenanlagen (→ Computer) verarbeitbare „Worte". Prozessoren, die diese Umwandlung vornehmen, werden entsprechend ihrer Funktion Analog/Digital- oder Digital/Analog-Wandler genannt (ADC oder DAC, Abkürzung aus dem Engl.: Analog/Digital-Converter).

Ein Massenspektrum ist als eine Liste von zeitkorrelierten Intensitätsschwankungen anzusehen. Die Digitalisierung muß daher um soviel schneller als die Erzeugung des Massenspektrums sein, daß das Profil der im Spektrum erscheinenden Analogsignale (Peaks) richtig in digitale Daten übertragen wird (digitale Auflösung), s. Abb. D1.

Die Digitalisierungsrate gibt an, in welchen zeitlichen Abständen eine Intensitätsänderung am Detektor des Massenspektrometers in ein „Wort" übertragen wird. Moderne AD-Wandler arbeiten mit Digitalisierungsraten von 200 kHz, was einem Zeitfenster von 5 µs entspricht. Damit lassen sich Scangeschwindigkeiten von unter 0,5 s/Massendekade oder unter 10 ms/100 Masseneinheiten erreichen.

12 Digitalisierung

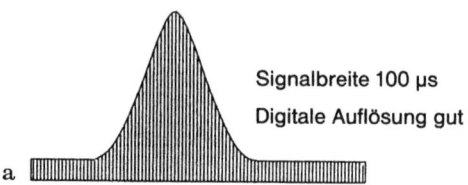

Signalbreite 100 µs
Digitale Auflösung gut

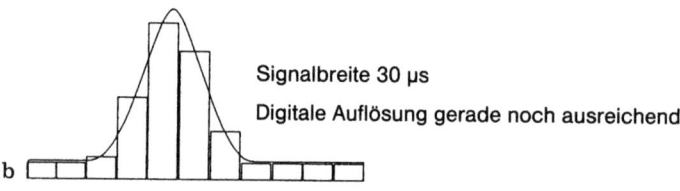

Signalbreite 30 µs
Digitale Auflösung gerade noch ausreichend

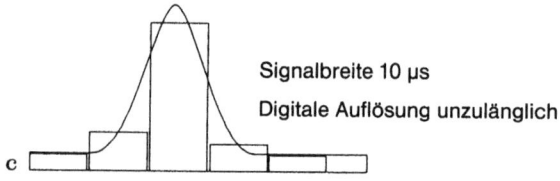

Signalbreite 10 µs
Digitale Auflösung unzulänglich

Abb. D1 a–c. Digitalisierungsrate 100 kHz, entsprechend 10 µs Zeitauflösung

Natürlich gibt es auch eine größte mögliche Signalintensität, die ein A/D-Wandler digitalisieren kann und die seiner größten Zahl zugeordnet wird. Bei Wandlern mit einer Übersetzung in 15 bit lange „Worte" ist die größte mögliche Zahl $2^{15} = 32\,768$. Beträgt die größte zulässige Signalintensität z. B. 80 V und entsprechen diese 80 V nach Wandlung 2^{15} (Counts), dann ist die kleinste digital auflösbare Signalintensität 2,44 mV; d. h. 1 Count nach der A/D-Wandlung repräsentiert 2,44 mV Signalintensität. Da die Intensitätsdynamik in Massenspektren über 6 Größenordnungen gehen kann (80 µV ... 80 V), muß man für kleine Signale unter Umständen eine andere (günstigere) Digitalisierung wählen als für große Signale (z. B. wenn 5 V in 2^{15} Counts gewandelt werden, entspricht 1 Count 153 µV, [1]).

Literatur
1. J. R. Chapman: Computer in Mass Spectrometry. Academic Press, New York 1978

Direkte Chemische Ionisation (DCI)
ein von der →chemischen Ionisation abgeleitetes weiches Ionisierungsverfahren [1], bei dem die Probe auf einem bis über 1000 °C heizbaren Metallfaden (in der Regel Rheniumdraht von 0,5 mm Durchmesser) direkt in die Ionenquelle, also in das CI-Plasma eingeführt wird [2]. Bei der reinen chemischen Ionisation wird die Probe außerhalb der Ionisationskammer verdampft und muß durch einen beheizten Kanal zum Ionisierungsort diffundieren. Thermisch labile Substanzen, die zwar noch unzersetzt verdampfen, sich aber aufgrund der thermischen Belastung zersetzen, geben daher häufig nur ein CI-Massenspektrum des Pyrolysats. Ionisiert man solche Proben mit DCI, kann bei entsprechend hoher Heizrate von pyrolysiertem Material intaktes unzersetztes Substrat mit in die Gasphase gerissen werden. In diesem Fall zeigt das Massenspektrum häufig neben den Ionen des Pyrolysats ein intensives →Quasimolekülion [3, 4].

Benutzt man diese Art der Probenzuführung unter Bedingungen der Elektronenstoß-Ionisation (EI) spricht man von →direkter Elektronenstoß-Ionisation (DEI) oder „In-Beam"-Ionisation [5]. Auch in diesem Fall nutzt man die oben geschilderten Vorteile der Probenverdampfung unmittelbar am Ort der Ionisation. Im Unterschied zur „weichen" chemischen Ionisation erhält man beim DEI im wesentlichen EI-Spektren.

Literatur
1. M. A. Baldwin, F. W. McLafferty: Org. Mass Spectrom. 7, 1353 (1973)
2. U. Rapp, G. Meyerhoff, G. Dielmann: Oesterr. Chem. Z. 81, 101 (1981)
3. G. Hansen, B. Munson: Anal. Chem. 50, 1130 (1978)
4. R. J. Cotter, C. Fenselau: Biomed. Mass Spectrom. 6, 287 (1979)
5. M. Ohashi, S. Yamada, H. Kudo, N. Nakayama: Biomed. Mass Spectrom. 51, 578 (1978)

Doppelfokussierung
erhält man bei Massenspektrometern mit Sektorfeldanalysator durch Kombination eines elektrostatischen und magnetischen Sektorfeldes. Es werden drei Typen von doppelfokussierenden Analysatoren unterschieden:

a) Mattauch-Herzog-Geometrie (→Mattauch-Herzog-Analysator),
b) Nier-Johnson-Geometrie (→Nier-Johnson-Analysator) und
c) „umgekehrte" Nier-Johnson-Geometrie (→Nier-Johnson-Analysator).

Die Wirkung beruht in allen Fällen auf der Kombination eines Energiefilters (elektrostatischer Sektor, Energiefokussierung) mit ei-

14 Doppelfokussierung

nem Impulsfilter (magnetischer Sektor, Richtungsfokussierung). Die Ionen besitzen nach ihrer Beschleunigung in den Massenanalysator eine bezogen auf ihre kinetische Energie zwar geringe aber endliche Eigenbewegung in alle Raumrichtungen (Energie- oder Geschwindigkeitsdispersion). Nach der Gleichung für die Ablenkung eines geladenen Teilchens im → magnetischen Massenanalysator

$$r = \frac{m \cdot v}{z \cdot B}$$

mit r Ablenkungsradius, z Elementarladung, B Magnetfeldstärke und m Ionenmasse führt diese Geschwindigkeitsdispersion zur Verbreiterung des Ionenstrahls. Schaltet man einen Energiefilter vor den magnetischen Analysator, wird diese Eigenbewegung kompensiert (Energiefokussierung).

Das magnetische Sektorfeld kann so gestaltet werden, daß die beim Eintritt in den Analysator divergierenden Ionenstrahlen nach Passieren des Magnetfeldes wieder in einem Punkt fokussiert werden (Richtungsfokussierung).

Durch die Kombination beider Techniken (Doppelfokussierung) können → Auflösungsvermögen von weit über 50 000 erreicht werden (Abb. D2).

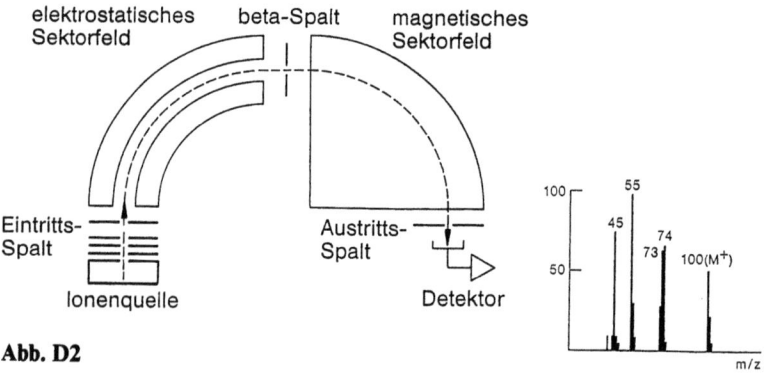

Abb. D2

Literatur
1. J. Watson: Introduction To Mass Spectrometry, 2. Ed. Raven Press, New York 1985
2. H. Kienitz: Massenspektrometrie. Verlag Chemie, Weinheim 1968

Eichsubstanzen
In Massenspektren, in denen die Auflösung gerade ausreicht, um Massendifferenzen von 1 amu aufzulösen („Niederauflösung", Einheitsauflösung, →Auflösungsvermögen), wird die Masse einfach geladener Ionen auf die nächste ganze Zahl (Nominalmasse) auf- oder abgerundet. Beim Einsatz von →Computern zur Aufnahme von Massenspektren erfolgt eine Zuordnung der auftretenden Signale zur entsprechenden nominalen Massenzahl, indem die physikalische Größe, die man für den Durchlauf des Spektrums variiert (Magnetfeld, elektrisches Feld oder Zeit), mit Hilfe eines bekannten Eichsubstanzspektrums kalibriert wird. Dabei wird die digitalisierte (→Digitalisierung) physikalische Größe als Liste von Meßwert-Massenzahl-Paaren gespeichert und bei jeder erneuten Aufnahme eines Spektrums zur Kalibrierung hinzugezogen.

Für die verschiedenen Ionisationsmethoden sind unterschiedliche Eichsubstanzen im Gebrauch, die in der folgenden Tabelle zusammengestellt sind.

Tabelle E1. Eichsubstanzen

Eichsubstanz	Ionisationsmethode	Massenbereich
PFK (Perfluorkerosin)	EI, CI (Methan)	14–900 amu
„Triazin" = Tris-(perfluorheptyl)-triazin	EI	14–1200 amu
„Triazin-1500" = Tris-(perfluornonyl)-triazin	EI	14–1500 amu
Ultramark (1960, 2100, 3200)	EI, FAB	14–3500 (je nach Spezifikation)
Polyethylenglykol (600, 1000, 1500) eventuell gemischt	FAB, Thermospray	14–1800 amu
Polypropylenglykol-2000	FAB, Thermospray	14–2200 amu
Natriumacetat, Cäsiumiodid	FAB, Thermospray	14–>30000 amu

Eintrittsspalt →magnetischer Massenanalysator

Elektronenstoßionisation (EI, Abkürzung aus dem Engl.: *E*lectron *I*mpact)
die bei weitem wichtigste Ionisationsmethode in der Massenspektrometrie flüchtiger organischer und anorganischer Verbindungen. Zur

16 Elektronenstoßionisation

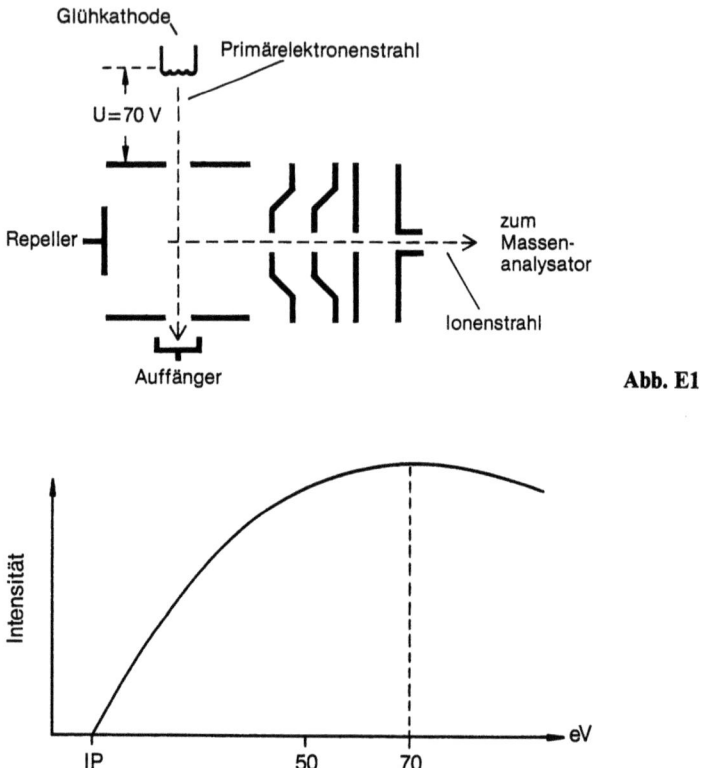

Abb. E1

Abb. E2

Ionisation verdampft man die Probe in die Ionenquelle, in der sie mit einem Elektronenstrahl beschossen wird. Zur Erzeugung dieses Primärelektronenstrahls beschleunigt man thermische Elektronen aus einer Glühkathode mit einer Spannung von 70 bis 100 V (70 bis 100 eV) in das Ionisierungsgehäuse, in das sie durch eine kleine Öffnung eintreten (Abb. E1).

Über eine auf der Glühkathode gegenüberliegenden Seite des Ionisierungsgehäuses angebrachten Auffängerelektrode kann der Strom, der aus der Kathode emittierten Elektronen (Emissionsstrom, kurz: Emission) gemessen werden.

Die Ausbeute der unter Elektronenbeschuß gebildeten Ionen der Probenmoleküle variiert mit der Primärelektronenenergie. Ein Ausbeutemaximum wird bei ca. 70 eV durchlaufen (Abb. E2).

Während die Spektren bei Elektronenenergien über 40 eV in einem weiten Energiebereich keine Änderung in ihren relativen Intensitäten zeigen, ändert sich der Spektrenhabitus für darunter liegende Primärelektronenenergien ganz erheblich. Im Bereich zwischen dem Ionisierungspotential und 20 eV überwiegt meist eine Molekülionenbildung („Nieder-eV-Spektren"). Da aber die Primärelektronen in dem beschriebenen Quellenaufbau eine thermische Energieverteilung haben, d. h. nicht monoenergetisch sind, sind die Massenspektren in diesem Energiebereich stark vom Quellentyp abhängig und nur schwer reproduzierbar. Zudem führt die unterhalb 50 eV sinkende Ionenausbeute auch schnell an die Grenze der Nachweisempfindlichkeit, was den Nutzen der „Niederenergiespektren" einschränkt.

Die bei der Elektronenstoßionisation vorkommenden Ionenbildungsprozesse sind in Abb. E3 zusammengestellt (s. a. Tabelle 2, S. 85 ff.).

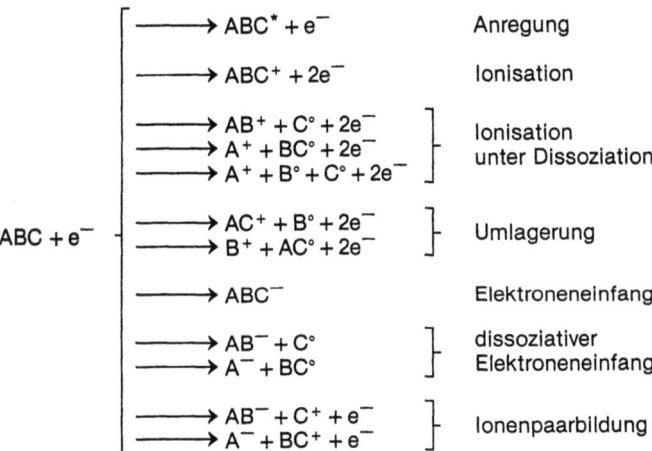

Abb. E3. Ionenbildungsreaktionen

Da die Bildung negativer Ionen unter EI 1000mal weniger wahrscheinlich ist als die Bildung positiver Ionen, spielen sie kaum eine Rolle. EI-Spektren sind daher in der Regel – wenn nicht anders vermerkt – als Spektren positiver Ionen mit einer Ionisierungsenergie von 70 bis 100 eV aufgenommen [1–3]. Da man Massenspektren negativer Ionen mit hohen Ionenausbeuten leicht mit anderen Ionisationsmethoden (→chemische Ionisation, →FAB) erhalten kann, spielt die Elektronenstoßionisation hier keine Rolle mehr [4, 5].

Literatur

1. J. Watson: Introduction To Mass Spectrometry, 2. Ed. Raven Press, New York 1985
2. H. Kienitz: Massenspektrometrie. Verlag Chemie, Weinheim 1968
3. H. Budzikiewicz: Massenspektrometrie, 2. Aufl. Verlag Chemie, Weinheim 1980
4. H. Budzikiewicz: Angew. Chem. *93*, 635 (1981)
5. V. C. Trenerry, J. H. Bowie: Org. Mass Spectrom. *15*, 367 (1980)

Elektrospray und Ionenspray

sind wie das →Thermospray, das →Continuous Flow FAB und der Moving Belt Kopplungstechniken für die Flüssigchromatographie (→Chromatographie). Die Probe wird in Lösung durch eine Kapillare in eine →Atmosphärendruckionenquelle geführt (ca. 5 µl/min). Das Ende der Kapillare befindet sich auf einem elektrischen Potential von einigen Kilovolt. Das daraus resultierende elektrische Feld führt zu einer Zerstäubung der austretenden Flüssigkeit, wobei die sich bildenden Tröpfchen elektrisch geladen sind. Nach Desolvatisierung der in den Tröpfchen gelösten Probenmoleküle liegen diese als vielfach geladene Ionen vor, die aus dem Bereich der Atmosphärendruckionenquelle in das Hochvakuum eines Massenspektrometers (→Quadrupol- oder →Sektorfeldmassenspektrometer) extrahiert werden (Abb. E4).

Die Zahl der Ladungen – gebildet durch Anlagerung von Protonen aus der Lösung – wird überwiegend durch die Zahl der basischen Zentren im Molekül festgelegt. Bei Peptiden korrelliert dies direkt

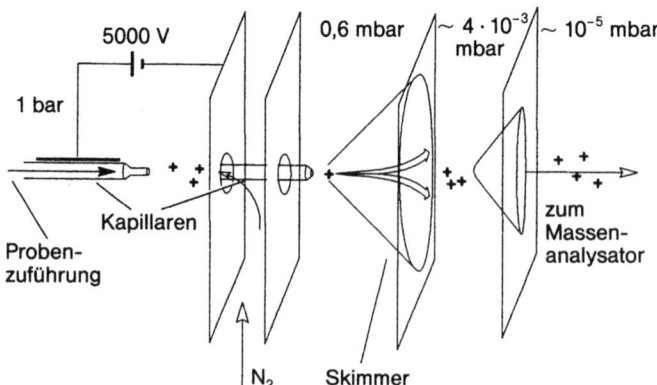

Abb. E4

mit der Zahl der im Molekül gebundenen Aminosäuren Arginin (pK$_a$ 12), Lysin (pK$_a$ 11) und Histidin (pK$_a$ 6,5). Der ph-Wert der Lösung hat kaum Auswirkung auf die Zahl der Mehrfachladungen. Er beeinflußt aber die Intensität des im Spektrum registrierten Gesamtionenstroms. Für Protonierungsreaktionen sollte der pH-Wert also so niedrig wie möglich sein (typisch pH < 4).

Da Massenspektrometer die Ionenmasse nach ihrem Verhältnis von Masse zu Ladung trennen, zeigen die Elektrospraymassenspektren Molekülionencluster in einem Massenbereich, der nur einen Bruchteil der Molekülmasse erreicht (Molekulargewicht dividiert durch Ladungszahl), s. Abb. E5.

Dadurch können mit dieser Technik die →Quasimolekülionen von hochmolekularen Peptiden auf →Quadrupolmassenspektrometern registriert werden. Da die vielfach geladenen Ionen durch Ionenanlagerung gebildet werden, kann aus jedem Paar benachbarter Ionen im Spektrum leicht die Zahl der Ladungen und das Molekulargewicht bestimmt werden [3].

Durch Mittelung aller aus den Ionenclustern berechneter Molekülmassen läßt sich das Molekulargewicht mit einer Genauigkeit besser 0,25 amu bestimmen (Abb. E6).

Es hat sich gezeigt, daß die Gesamtionenausbeute beim Elektrospray auch von der Zahl der gebildeten Tröpfchen abhängt. Diese Abhängigkeit wird im Ionenspray gezielt genutzt, um die Bildung der Ionen zu erhöhen. Dabei wird die Zahl der Tröpfchen durch Einblasen eines Gases (N$_2$) in den Elektrospraynebel zusätzlich erhöht. Man führt dieses Gas koaxial außen an der Probenkapillare

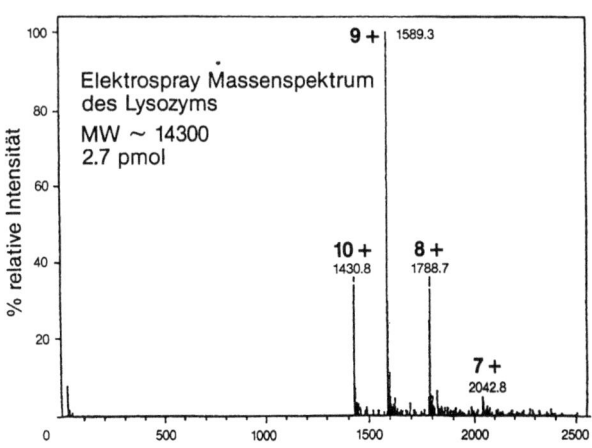

Abb. E5

20   Elementarzusammensetzung

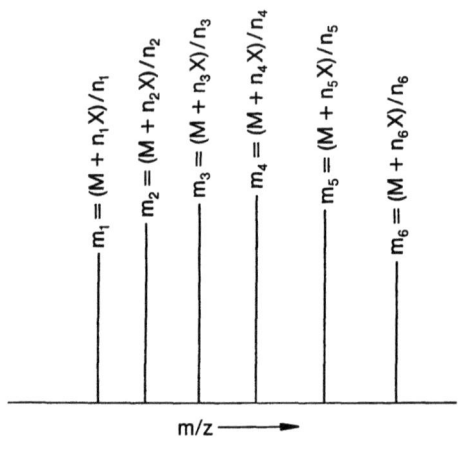

M   Molekularmasse
m   gemessener m/z-Wert
X   = 1 bei Protonierung
$n_1 = n_2 + 1$

$M = n_2(m_2 - 1) = n_2(m_1 - 1) + m_1 - 1$

$n_2(m_2 - m_1) = m_1 - 1$

$n_2 = (m_1 - 1)/(m_2 - m_1)$

$M = n_2(m_2 - 1)$

Abb. E6

entlang, an deren Spitze es in den Nebel austritt. Die eigentliche Ionisation erfolgt danach wie beim Elektrospray.

Literatur
1. C. M. Whitehouse, R. N. Dryer, M. Yamashita, J. B. Fenn: Anal. Chem. *57*, 675 (1985)
2. C. K. Meng, M. Mann, J. B. Fenn: Z. Phys. C., Atoms, Molecules, Clusters *10*, 361 (1988)
3. T. R. Covey, R. F. Bonner, B. I. Shushan, J. D. Henion: Rapid Comm. Mass Spectrom. *2*, 249 (1988)
4. J. A. Loo, H. R. Udseth, R. D. Smith: Anal. Biochem. *179*, 404 (1989)
5. C. J. Baringa, C. J. Edmonds, H. R. Udseth, R. D. Smith: Rapid Comm. Mass Spectrom. *3*, 160 (1989)

Elementarzusammensetzung → Massenmessung, genaue

Empfindlichkeit eines Massenspektrometers
die für eine gegebene Probe erreichbare Signalhöhe (in der Regel des Molekülions) bezogen auf die dazu notwendige Probenmenge:

$$\text{Empfindlichkeit} = \frac{\text{Peakhöhe [V]}}{\text{verbrauchte Probenmenge [µg]}}$$

Empfindlichkeit eines Massenspektrometers 21

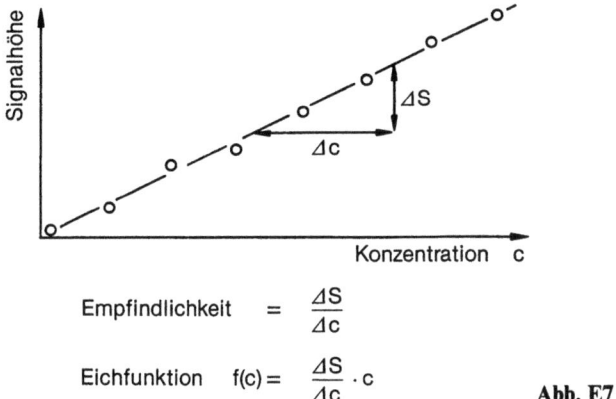

Empfindlichkeit = $\dfrac{\Delta S}{\Delta c}$

Eichfunktion f(c) = $\dfrac{\Delta S}{\Delta c} \cdot c$

Abb. E7

Für die →quantitative Analyse von Probengemischen mit Hilfe der Massenspektrometrie ergibt sich die Empfindlichkeit aus der Steigung der Eichfunktion eines Substrats (Abb. E7). Da verschiedene Proben sich nicht nur im Habitus ihrer Massenspektren, sondern auch in ihrer Ionisierungswahrscheinlichkeit unterscheiden, existiert für jede chemische Verbindung eine eigene Eichfunktion. Wesentliche Konsequenz hieraus ist, daß zur Spezifikation der Massenspektrometerempfindlichkeit eine „Standardverbindung" angegeben werden muß, mit der ein bestimmter Empfindlichkeitswert erreicht werden kann.

Für vergleichende Empfindlichkeitsmessungen (z. B. zur Qualitätskontrolle eines Massenspektrometers) hat sich in der massenspektrometrischen Praxis die Messung der pro verdampfter Probenmenge am Kollektor eintreffenden Ionen (Einheit: Coulomb/Mikrogramm, C/µg) eingebürgert. Die über die Zeit integrierte Fläche des Probensignals pro definierter Menge eines totalverdampften Standards ist dabei die gemessene Empfindlichkeit:

$$\text{Empfindlichkeit} = \frac{\text{Signalhöhe} \cdot \text{Signalbreite}}{\text{Kollektorwiderstand} \cdot \text{Probenmenge}}$$

Kollektorwiderstand: Widerstand, über den die am Kollektor gesammelte Ladung abfließt. Der Spannungsabfall am Kollektorwiderstand entspricht der Signalhöhe [V].

Für die verschiedenen Ionisationsmethoden finden unterschiedliche Standards ihren Einsatz, die in Tabelle E2 zusammengestellt sind.

Tabelle E2. Standards

Ionisationsmethode	Standard	Ionenmasse, auf die die Empfindlichkeit bezogen ist
EI	Methylstearat	298
CI	Methylstearat	299
FD	Cholesterin	386
FI	Aceton	58
FAB	Glyzerin-Cluster	369
Thermospray	Adenosin	268

Literatur
1. K. Beyermann: Organische Spurenanalyse. Thieme Verlag, Stuttgart, New York 1982

Energiefokussierung
Aufgrund ihrer thermischen Eigenbewegung haben die Ionen nach ihrer Beschleunigung in den Analysator eines magnetischen Sektorfeldmassenspektrometers eine zwar kleine, aber endliche Eigengeschwindigkeit v' in alle Raumrichtungen (Geschwindigkeitsdispersion), die in einer Energieverteilung $m \cdot (v + v')/2$ (Energiedispersion) resultiert. Da ein einfachfokussierendes magnetisches Sektorfeld auf den Impuls des eintretenden Ions wirkt (→ magnetischer Massenanalysator), führt diese Geschwindigkeitsdispersion nach

$$r = \frac{m \cdot (v + v')}{z \cdot H}$$

zu einer Signalverbreiterung und damit zum Absinken der → Auflösung. Dem läßt sich durch Vor- oder Nachschalten eines elektrostatischen Analysators entgegenwirken, der auf die Energie der Ionen wirkt (Energiefokussierung).

Solche Kombinationen von magnetischem und elektrostatischem Sektorfeld bezeichnet man als doppelfokussierende Massenspektrometer (→ Doppelfokussierung).

Literatur
1. H. Kienitz: Massenspektrometrie. Verlag Chemie, Weinheim 1968
2. J. Watson: Introduction To Mass Spectrometry, 2. Ed. Raven Press, New York 1985

Fast Atom Bombardment (FAB)
eine Methode, die neben der →chemischen Ionisation (CI), der
→direkten Chemischen Ionisation (DCI), der →Felddesorption
(FD) und der →Feldionisation (FI) zu den sogenannten →„weichen
Ionisationsmethoden" zählt, die in aller Regel durch die Bildung von
→Quasimolekülionen ein Signal des nicht zerfallenen Moleküls zeigen. Wie die Felddesorption und in gewissem Umfang auch die direkte Chemische Ionisation liefert FAB darüber hinaus auch intakte Molekülionen von Verbindungen, die bei der Probenzuführung durch Verdampfen nicht oder nur zersetzt in die Gasphase gebracht werden können. Hier ist die massenspektrometrische Analyse von Peptiden hervorzuheben, die bis zur Einführung von FAB im Jahre 1981 [1, 2] nur nach Derivatisierung im Massenspektrometer untersucht werden konnten. Inzwischen sind Spektren von underivatisierten Peptiden mit FAB bis zu einer Masse von über 10 000 g/mol gemessen worden. Eine Begrenzung des erreichbaren Massenbereichs scheint nur in gerätetechnischen Unzulänglichkeiten begründet zu sein (Abb. F1).

Zur Ionisation wird die zu untersuchende Verbindung in einem Überschuß einer schwer flüchtigen aber flüssigen Matrix (meist Glyzerin) gelöst und 1 bis 5 µl dieser Lösung auf einem Metallträger (FAB-Target, 2–5 mm² Querschnitt) in die Ionenquelle eingeschleust [3]. Beim Beschuß dieser Lösung mit Atom- oder Ionenstrahlen (Ar, Xe, Cs$^+$ →SIMS) im Energiebereich einiger keV (typisch 6 bis 30 keV) beobachtet man eine hohe Sekundärionenemission, die in der Größenordnung von Ionenströmen liegt, wie sie bei der Chemischen Ionisation auftreten (Abb. F2).

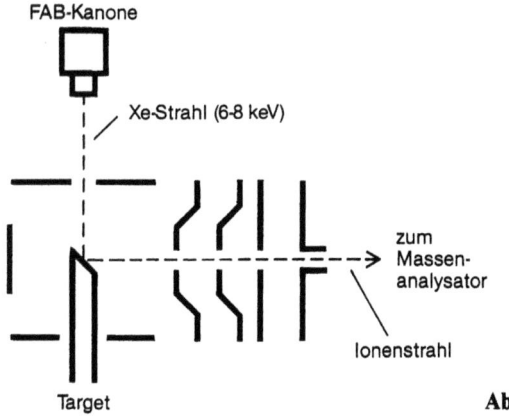

Abb. F1

24 Fast Atom Bombardment

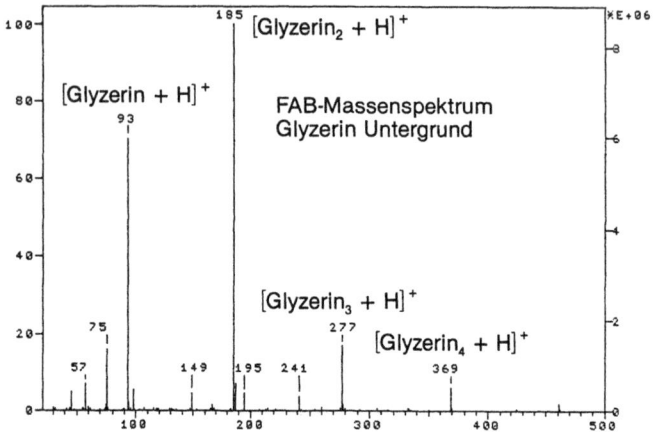

Abb. F2

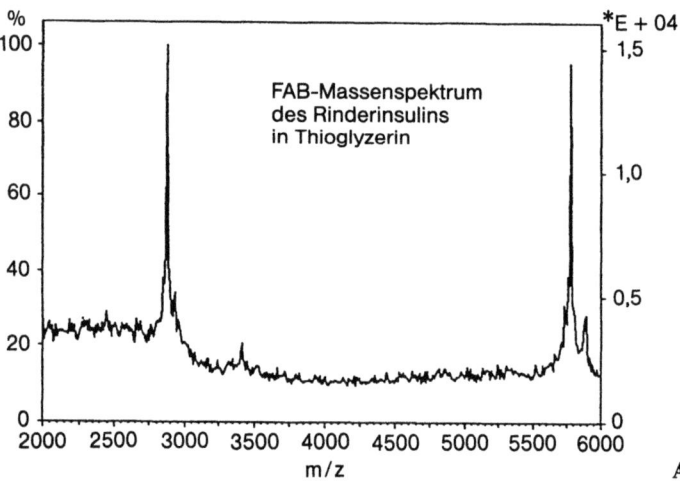

Abb. F3

Neben Vielfachclustern der verwendeten Matrix erscheinen im Spektrum die Quasimolekülionen ($[M + H]^+$, $[M + Na]^+$ etc.) der in der Matrix gelösten Substanz (Abb. F3). Das durch radiochemische Prozesse auftretende „chemische Rauschen" sowie die Bildung von Fragmentionen können aber die eindeutige Identifizierung von Quasimolekülionen häufig erschweren. Ähnlich wie die Felddesorption wird auch die Ionisation unter FAB von bestimmten Verunreinigungen (z. B.: Na^+) gestört.

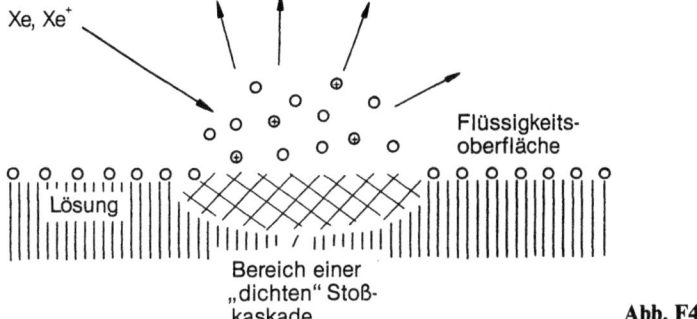

Abb. F4

Der Ionisationsmechanismus unter FAB wird kontrovers diskutiert. Da sich die Methode aus der → Sekundärionenmassenspektrometrie (SIMS) entwickelt hat, lag es nahe, einen der SIMS analogen Ionisierungsprozeß anzunehmen. Drei prinzipielle Mechanismen werden diskutiert:

1. Das *Modell der vorgebildeten Ionen* postuliert eine unter Beschuß mit KeV-Teilchen stattfindende Emission solvatisierter in der Flüssigmatrix gebildeter Ionen. Für die Desorption wird eine sogenannte dichte Stoßkaskade („Spike") angenommen, bei der alle in einem bestimmten Volumen befindlichen Moleküle durch Mehrfachstöße in Bewegung geraten und emittiert werden. Da der Energieinhalt der emittierten Moleküle teilweise sehr niedrig ist, spricht man auch von einer „kalten Desorption" (Abb. F4) [4, 10].
2. Im *Modell der „Selvege-Region"* soll die Ionisation in einer Übergangszone (Selvege) zwischen der Oberfläche der Flüssigmatrix und der Gasphase stattfinden, die sich durch Zerstäubung der Matrix unter Atombeschuß ausbildet [5].
3. Im *Gasphasenmodell* wird der Beobachtung Rechnung getragen, daß der größte Teil des zerstäubten Matrixmaterials neutral in die Gasphase gelangt [6]. Dort erfolgt unter Stoßaktivierung durch den Primärbeschuß eine Ionisierung des in Überschuß vorhandenen Matrixmaterials, das seinerseits in CI-analogen Ionen/Molekülreaktionen eine Ionisation des Substrats bewirkt [6–9, 11].

Literatur
1. M. Barber, R. S. Bordoli, G. J. Elliot, R. D. Sedgewick, A. N. Tyler: Anal. Chem. *54*, 645A (1982)
2. M. Barber, R. S. Bordoli, R. D. Sedgewick, A. N. Tyler: J. Chem. Soc. Chem. Commun. 325 (1981)

3. E. De Pauw: Mass Spectrom. Rev. *5*, 191 (1986)
4. A. Benninghoven: Int. J. Mass Spectrom. Ion Phys. *46*, 459 (1981)
5. R. G. Cooks, K. L. Busch: Int. J. Mass Spectrom. Ion Phys. *53*, 111 (1983)
6. R. B. Freas, M. M. Ross, J. E. Campana: J. Am. Chem. Soc. *107*, 6195 (1985)
7. G. Bojesen, J. Moller: Int. J. Mass Spectrom. Ion Proc. *68*, 239 (1986)
8. E. Schröder, H. Münster, H. Budzikiewicz: Org. Mass Spectrom. *21*, 707 (1986)
9. J. A. Sunner, R. Kulatunga, P. Kebarle: Anal. Chem. *58*, 1312 (1986)
10. S. S. Wong, F. W. Röllgen: Nucl. Instr. and Meth. *B14*, 436 (1986)
11. H. Münster, F. Theobald, H. Budzikiewicz, E. Schröder: Int. J. Mass Spectrom. Ion proc. *79*, 73 (1987)

Felddesorption (FD)
Die Felddesorption gehört zu den weichen Ionisationsmethoden (→chemische Ionisation, →direkte chemische Ionisation, →Fast Atom Bombardment, →Feldionisation). Die Probe wird ähnlich wie bei der direkten Chemischen Ionisation über einen speziell aktivierten Emitter (Feldemitter) direkt in die Ionenquelle eingebracht. Die Probenaufgabe erfolgt durch Eintauchen des Emitterfadens in eine promillige Lösung des Substrates.

Die Aktivierung der Emitter beruht auf der Ausbildung von feinen Graphitnadeln, die ähnlich wie die Borsten einer Flaschenbürste um den Emitterfaden (5 bis 10 µm Durchmesser und 4 bis 5 mm Länge) angeordnet sind. Diese Graphitnadeln bilden sich durch Pyrolyse, wenn der auf Weißglut geheizte Wolframfaden unter Anlegen einer hohen Spannung (6 bis 8 kV) einer Benzonitrilatmosphäre von 10 bis 100 Pa Partialdruck ausgesetzt wird. Neben Benzonitril haben sich auch andere sauerstofffreie aromatische Kohlenwasserstoffe wie Methylnaphthalin oder Inden bewährt.

Nach der Probenpräparation wird der Emitter auf einem Probengeber (Schubstange) in die Ionenquelle eingeführt. Unter Heizen und Anlegen eines hohen elektrischen Feldes ($5 \cdot 10^7$ V/cm), das sich zwischen den Graphitnadeln und einer auf -10 bis -12 kV liegenden Gegenelektrode ausbildet, können Ionen vom Emitterfaden desorbiert werden (Felddesorption) (Abb. F5). Die Ionen bilden sich aufgrund eines in dem hohen elektrischen Feld ablaufenden quantenmechanischen Tunneleffekts.

Wegen der meist geringen Überschußenergie und der sehr kurzen Aufenthaltszeit der Ionen in der Ionenquelle (ca. 10^{-11} s) finden sich in FD-Spektren keine Fragmentionen aus unimolekularen Bindungsbrüchen oder Umlagerungen, sondern nur Molekülionen $M^{+\cdot}$ oder – unter Kationisierung – Quasimolekülionen $[M+H]^+$, $[M+Na]^+$ und $[M+K]^+$.

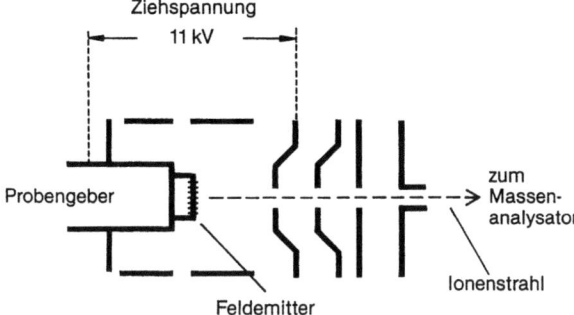

Abb. F5. Feldionenquelle für Felddesorption

Verglichen zu anderen Ionisationsmethoden ist die Ionenausbeute in der Felddesorption um den Faktor 10 bis 100 kleiner. Sie hängt sehr stark von der Emitterqualität ab.

Literatur
1. H. D. Beckey: Field Ionization Mass Spectrometry. Pergamon Press, Oxford 1970

Feldionisation (FI)
ist eine Variante der → Felddesorption. Im Unterschied zu dieser wird die Probe nicht auf den Feldemitter aufgetragen, sondern über eine

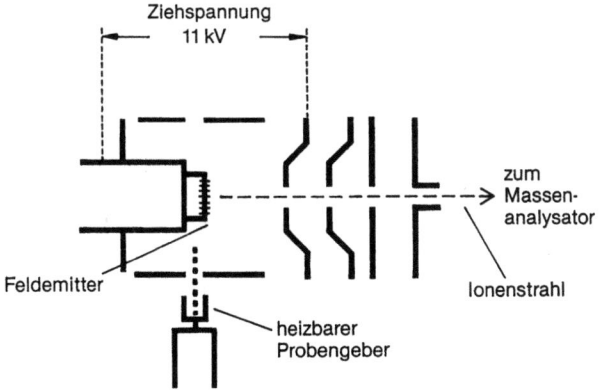

Abb. F6. Feldionenquelle für Feldionisation

zusätzliche Probenschubstange durch Heizen in die Gasphase verdampft (Abb. F6). Hier erfolgt die Ionisation der Moleküle in der Nähe der Graphitnadelspitzen des Emitters durch Tunneln von Elektronen auf die Nadelspitzen. Diese quantenmechanische Tunnelwirkung beruht auf einem hohen elektrischen Feld (10^7 V/cm), das sich zwischen den Graphitnadeln und einer auf -10 bis -12 kV liegenden Gegenelektrode ausbildet.

Die Art der Probenzuführung schränkt den Einsatz der Feldionisation auf im Vakuum flüchtige Verbindungen ein. Feldionenspektren zeigen wegen der geringen Aufenthaltszeit der Ionen in der Ionenquelle ausschließlich intensive Molekülradikalionen $M^{+\cdot}$, selten die protonierten Quasimolekülionen $[M+H]^+$ (z. B. Aminosäuren).

Literatur
1. H. D. Beckey: Field Ionization Mass Spectrometry. Pergamon Press, Oxford 1970

Flüssigchromatographie → Chromatographie

Flüssigmatrix → Fast Atom Bombardment

Flugzeitmassenspektrometer (TOF, Abkürzung aus dem Engl.: *T*ime *O*f *F*light)
In einem Flugzeitmassenspektrometer wird die Laufzeit der Ionen durch den Analysator als Meßgröße ihrer Masse benutzt (Abb. F7).

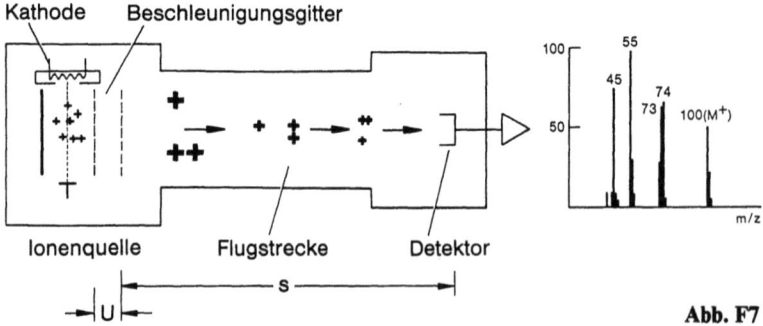

Abb. F7

Nach Durchlaufen eines Spannungsgefälles haben elektrisch geladene Teilchen eine kinetische Energie, die sich berechnet durch:

$$U \cdot z = \frac{m \cdot v^2}{2}$$

mit U Beschleunigungsspannung, z Elementarladung, m Ionenmasse und v Ionengeschwindigkeit.

Im Hochvakuum ergibt sich die Geschwindigkeit v aus der Zeit, in der ein Ion die Flugstrecke s passiert hat:

$$v = \frac{s}{t},$$

$$U \cdot z = \frac{m}{2} \cdot \left(\frac{s}{t}\right)^2$$

und durch Umrechnen nach m/z:

$$\frac{m}{z} = \frac{2 \cdot U}{s^2} \cdot t^2.$$

Das bedeutet, daß in einem Flugzeitspektrometer die Ionenmasse dem Quadrat ihrer Flugzeit proportional ist.

Die Flugzeit ermittelt man aus der Zeitdifferenz von Ionenbildung und Detektorsignal. Der Zeitpunkt der Ionenbildung wird durch gepulste Ionisation festgelegt.

Da der wesentliche Vorteil des Flugzeitmassenspektrometers in einer hohen Ionentransmission liegt (bis 100%), setzt man es vorwiegend mit Ionisationsmethoden ein, die nur geringe Ionenströme liefern.

Ein deutlicher Nachteil besteht in der Begrenzung der Massenauflösung durch Unzulänglichkeiten in der Flugzeitmessung, namentlich durch technische Grenzen in der Signalverarbeitung. Typische → Auflösungen, die erreicht werden, liegen zwischen 500 bis 5000, im statischen Betrieb (ohne Massenscan) bis 10 000. Der Massenbereich von Flugzeitspektrometern ist theoretisch unbegrenzt, in der Praxis gibt es Limitierungen bei der Auflösung und durch die mit hohen Molekülmassenzahlen abnehmende Detektorempfindlichkeit.

Literatur
1. J. Watson: Introduction To Mass Spectrometry, 2. Ed. Raven Press, New York 1985

Fouriertransform-Massenspektrometer
→ Ionencyclotronresonanz-Massenspektrometer

Fragmentierungsmuster
in Massenspektren lassen sich aus der Intensitätsverteilung der aus den Molekül- oder Quasimolekülionen gebildeten Fragmentionen ableiten. Ihre Bildung durch → α-Spaltung, → Allylspaltung, → Benzylspaltung oder intramolekulare Umlagerungen hängt von der bei der Ionisation übertragenen Überschußenergie ab. Daher zeigen verschiedene Ionisationsmethoden unterschiedliche Fragmentierungsmuster in ihren Massenspektren (Tabelle 2, s. S. 85 ff.).

Literatur
1. J. Watson: Introduction To Mass Spectrometry, 2. Ed. Raven Press, New York 1985
2. H. Kienitz: Massenspektrometrie. Verlag Chemie, Weinheim 1968

Gaschromatographie → Chromatographie

GC-MS-Kopplung → Chromatographie

Gesamtionenstrom (TIC, Abkürzung aus dem Engl.:
*T*otal *I*on *C*urrent)
die Summe aller die Ionenquelle verlassenden Ionen. Je nach Massenanalysator unterscheidet sich der Gesamtionenstrom deutlich von der Summe der im Spektrum registrierten Ionen (II, Abkürzung aus dem Engl.: *I*ntegrierte *I*ntensität, oder RIC, Abkürzung aus dem Engl.: *R*econstructed *I*on *C*urrent).

Geschwindigkeitsdispersion → Energiefokussierung

Geschwindigkeitsfokussierung → Energiefokussierung

Hochauflösung
ein Begriff, dessen Sinn sich im Verlauf der technischen Geräteentwicklung in den letzten 30 Jahren ständig geändert hat. Heute meint Hochauflösung im Unterschied zur Nominalauflösung (→ nominelle

Masse) die → Auflösung nominal gleicher Ionenmassen, die sich in ihrer Elementarzusammensetzung unterscheiden. Dazu benötigt man → Auflösungen zwischen 5000 und 20 000, selten darüber (→ Massenmessung, genaue).

Literatur
1. J. Watson: Introduction To Mass Spectrometry, 2. Ed. Raven Press, New York 1985
2. H. Kienitz: Massenspektrometrie. Verlag Chemie, Weinheim 1968
3. H. Budzikiewicz: Massenspektrometrie, 2. Aufl. Verlag Chemie, Weinheim 1980

Induktiv gekoppelte Plasma-Massenspektrometrie
(ICP-MS, Abkürzung aus dem Engl.:
*I*nductively *C*oupled *P*lasma-*M*ass *S*pectrometry)
Sie findet ihren Einsatz für hochpräzise Element- und Isotopenanalysen. Die Probe wird in Lösung durch eine Kapillare in die Ionenquelle geführt und dort ähnlich wie beim → Thermospray versprüht und von einem laminaren Argongasstrom in den Ionisationskanal geleitet. Dieser Kanal ist von einer Hochfrequenzspule umgeben, in deren Wechselfeld die Probe in zwei aufeinanderfolgenden Zonen unter Atomisierung zu den entsprechenden Elementoxiden ionisiert wird und unter weiterer Atomisierung in die einfach geladenen Elementkationen zerfällt. Daher sind ICP-Massenspektren in der Regel sehr einfach zu interpretieren. Die zweite Zone wird als „normale" analytische Zone bezeichnet. Die Position der analytischen Zone relativ zur Einstromöffnung hängt vom Argongasfluß und von der Leistung des Hochfrequenzwechselfeldes ab [1].

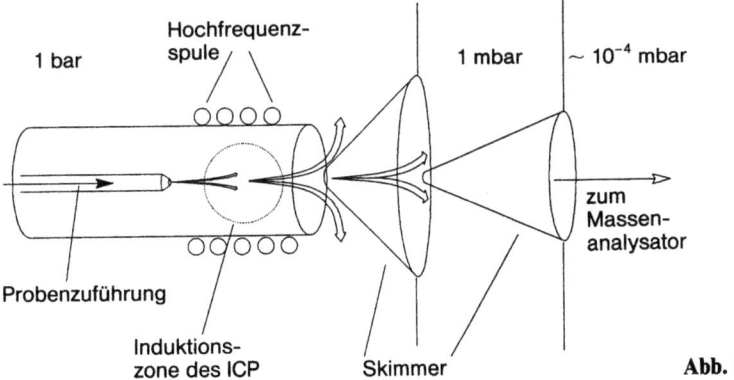

Abb. I1

Die ICP-Ionenquelle arbeitet unter Atmosphärendruck (→ Atmosphärendruckionenquelle). Daher müssen die Ionen nach ihrer Bildung in das Vakuum des Massenanalysators extrahiert werden. Dies geschieht in zwei Stufen, die durch Skimmer voneinander getrennt sind.

Die ICP-MS wird überwiegend in der Spurenanalytik der chemischen Elemente und ihrer Isotope, auch aus komplexer Matrix eingesetzt. Sie ist eine sehr empfindliche Methode, 50 ng/l (50 ppt) einer Komponente in Lösung können routinemäßig nachgewiesen werden. Isotopenverhältnisse lassen sich schnell und präzise bestimmen. Relative Standardabweichungen liegen typisch zwischen 0,3 und 1%.

Als Anwendungsgebiete, in denen sich die ICP-Massenspektrometrie bewährt, sind neben der Spurenelementanalyse (→ Isotopenverdünnungsanalyse) geochemische [2–5] und biologische Anwendungen zu nennen [6, 7].

Literatur
1. R. S. Houk: Anal. Chem. *58*, 97A (1986)
2. A. L. Gray: Fresenius Z. Anal. Chem. *324*, 561 (1986)
3. H. P. Longerich, B. J. Fryer, D. F. Strong, C. J. Kautipuly: Spectrochim. Acta Part B *42B*, 75 (1987)
4. A. R. Date, Y. Y. Cheung, M. E. Stuart: Spectrochim. Acta Part B *42B*, 3 (1987)
5. H. P. Longerich, B. J. Fryer, D. F. Strong: Spectrochim. Acta Part B *42B*, 101 (1987)
6. A. Boorn, J. E. Fulford, W. Wegschneider: Mikrochim. Acta *2*, 171 (1985)
7. C. J. Pickford, R. M. Brown: Spectrochim. Acta Part B *41B*, 183 (1986)

Intensität, relative
eine auf die Fragmentionenverteilung in einem Massenspektrum bezogene Größe, die sich aufgrund der ionenchemischen Konstitution der Probenmoleküle ausbildet. Relative Intensitäten (in %) beziehen sich auf das im Spektrum auftretende Ion höchster Intensität (100%), das man Basision nennt.

Die absolute Intensität ergibt sich aus der Zahl der pro Ionenmasse am Detektor nachgewiesenen Ionen. Ihre Angabe erfolgt in Volt oder bei Registrierung mit einem → Computer in Counts (→ Digitalisierung).

Literatur
1. J. Watson: Introduction To Mass Spectrometry, 2. Ed. Raven Press, New York 1985

Ionencyclotronresonanz-Massenspektrometer (ICR-MS, FT-MS)
Das Meßprinzip beruht darauf, daß elektrisch geladene Teilchen in einem konstanten Magnetfeld B Kreisbahnen beschreiben, deren Umlauffrequenz von der Teilchenmasse m abhängt (Abb. I2a):

$$\nu = \frac{z \cdot B}{2 \cdot \pi \cdot m}.$$

Legt man senkrecht zu diesem Magnetfeld eine Wechselspannung mit durchstimmbarer Radiofrequenz an (Abb. I2b), nehmen Ionen mit entsprechender Umlauffrequenz Energie auf. Dabei vergrößert sich ihr Orbitradius und sie gehen in Phase mit der anregenden Radiofrequenz. In die zur Wechselspannung und dem Magnetfeld senkrecht angeordneten Empfängerelektroden (Abb. I2c) wird da-

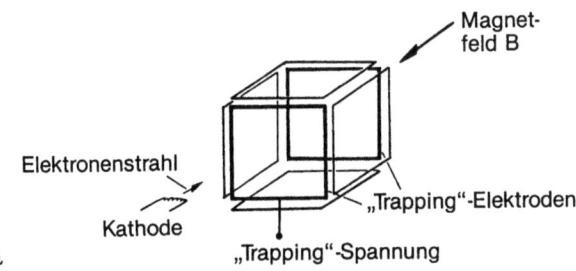

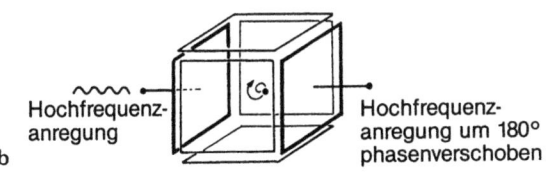

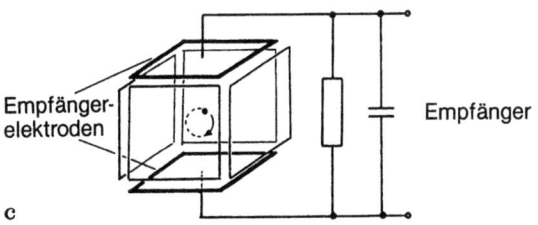

Abb. I2 a–c

durch ein Strom induziert, dessen Radiofrequenzspektrum die Frequenzen aller im Magnetfeld umlaufenden Ionen enthält. Hieraus kann durch Fouriertransformation das Massenspektrum berechnet werden. Die Wechselspannungsamplitude der jeweiligen Frequenzen ist dabei das Maß der Ionenmenge. Von der notwendigen Fouriertransformation leitet sich auch der heute für die Methode übliche Name Fouriertransformmassenspektrometrie (FT-MS) her.

Mit ICR-Massenspektrometern können extrem hohe Auflösungen (bis über 1 000 000 bei m/z 35) bei guten Empfindlichkeiten erreicht werden. Die Auflösung ist aber der aufgelösten Masse umgekehrt proportional (bei m/z 1000 ist R „nur noch" 10 000).

Da die ICR-Zelle als Ionenspeicher arbeitet, eignet sie sich gut für die Untersuchung von Ionen/Molekülreaktionen und MS/MS-Experimenten. Die hohen Vakuumanforderungen haben eine Begrenzung in den über die Elektronenstoßionisation hinaus verfügbaren Ionisierungstechniken sowie in der Kopplung von Gaschromatographen zur Folge. Mit differentiell gepumpten Zweikammersystemen (getrennte Ionengenerierung und Ionendetektion) versucht man jedoch solche Probleme zu meistern. Diese Entwicklungen können – in Verbindung mit schnellen Rechnern für die Fouriertransformation – zu einem zunehmenden Einsatz der ICR-MS in der chemischen Analytik führen.

Literatur
1. J. Watson: Introduction To Mass Spectrometry, 2. Ed. Raven Press, New York 1985

Ionenpaarbildung → Elektronenstoßionisation

Ionenspray → Elektrospray

Ionenstrom → Gesamtionenstrom

Ionisierung
ein Begriff für alle Prozesse, bei denen ein neutrales Atom oder Molekül durch Elektronenabstraktion oder Elektronenanlagerung in ein geladenes Teilchen umgewandelt wird. Die für die Massenspektrometrie bedeutenden Ionisierungsarten sind die → Elektronenstoßionisation, die → Chemische Ionisation, das → Fast Atom Bombardment, die → Felddesorption und die → Feldionisation.

Ionisierungspotential (IP)
die Energie, die bei der → Ionisation eines Atoms oder Moleküls zur Abstraktion oder Addition eines Elektrons mindestens aufgebracht werden muß. Bei mehrfach geladenen Ionen spricht man entsprechend der Ladungszahl von 1. IP, 2. IP usw.

Literatur
1. J. Watson: Introduction To Mass Spectrometry, 2. Ed. Raven Press, New York 1985

Isobar
bezeichnet in der Massenspektrometrie Ionen mit nominell gleichen Massen (→ nominelle Masse), die sich aber in ihrer Elementarzusammensetzung unterscheiden (z. B. m/z 18 = H_2O^+ oder NH_4^+, → Massenmessung, genaue).

Isotope
chemische Elemente gleicher Ordnungszahl aber verschiedener Massenzahl, die sich aufgrund verschiedener Neutronenzahlen im Atomkern ergibt. Wegen der gleichen Ordnungszahl haben die Isotope eines chemischen Elements gleiches chemisches Verhalten. Da die natürlich vorkommenden chemischen Elemente meist Gemische von Isotopen sind, erscheinen ihre Ionen im Massenspektrum nicht mit der Masse der entsprechenden mittleren Atommasse, sondern getrennt nach ihren Isotopen. Die relativen Signalintensitäten stehen dabei für den Anteil der Isotope am Gesamtgemisch (z. B. zeigt Chlor kein Signal bei m/z 35,45 (mittlere Atommasse), sondern zwei Signale bei mit m/z 34,97 (^{35}Cl) und m/z 36,97 (^{37}Cl) im Verhältnis 3:1).

Bei der Berechnung von Ionenzusammensetzungen im Massenspektrum darf man daher nie die mittleren Atommassen, sondern nur die Massen des leichtesten oder – bei polyisotopen Elementen – des häufigsten Isotops zugrundelegen.

Die → Isotopenmuster von polyatomigen Molekülen berechnen sich aus den entsprechenden Binominalverteilungen. Bei mehrisotopigen Ionen werden die Ionen geringerer Intensität Isotopenpeaks oder Satellitenpeaks genannt.

Literatur
1. J. Watson: Introduction To Mass Spectrometry, 2. Ed. Raven Press, New York 1985
2. H. Kienitz: Massenspektrometrie. Verlag Chemie, Weinheim 1968
3. H. Budzikiewicz: Massenspektrometrie, 2. Aufl. Verlag Chemie, Weinheim 1980

Isotopenmuster

die in einem Molekül- oder Fragmention auftretende Intensitätsverteilung der in ihm enthaltenen Isotope (Tabelle 1, s. S. 69ff.). Die Berechnung von Isotopenmustern, die heute in aller Regel auf Computern ausgeführt werden kann, verdeutlicht folgendes Schema:

Legende: A, B, C, ...   Elemente;
            $n_A, n_B, n_A, \ldots$ Zahl der Atome eines Elementes in einem Molekül- oder Fragmention;
            X, Y, Z, ...   Isotopenmassen;
            $I_{X_A}, I_{Y_A}, I_{Z_A}, \ldots$ Isotopenhäufigkeit des Elements A.

$$\text{Isotopenverteilung} = (I_{X_A} + I_{Y_A} + \cdots + I_{Z_A})^{n_A} \cdot (I_{X_B} + I_{Y_B} + \cdots + I_{Z_B})^{n_B} \cdot (I_{X_C} + I_{Y_C} + \cdots + I_{Z_C})^{n_C}$$

Nach der expliziten Berechnung der Verteilungssumme wird auf die höchste Intensität normiert (auf 1 oder auf 100%), s. a. Abb. I3.

Beispiel: Kupferchlorid $CuCl_2$

$I_{63Cu} = 69,1\%$
$I_{65Cu} = 30,9\%$ Isotopenverteilung $= (I_{63Cu} + I_{65Cu})^1 \cdot (I_{35Cl} + I_{37Cl})^2$
$I_{35Cl} = 75,5\%$
$I_{37Cl} = 24,5\%$

Isotopen- kombination:	m/z	berechnete Intensität:	normiert auf 100%:
$^{63}Cu^{35}Cl_2$	133	21,4%	95,1
$^{63}Cu^{35}Cl^{37}Cl$	135	13,0 ⎫ 22,5%	100,0
$^{65}Cu^{35}Cl_2$	135	9,5 ⎭	
$^{63}Cu^{37}Cl_2$	137	2,2 ⎫ 8,4%	37,5
$^{65}Cu^{35}Cl^{37}Cl$	137	6,2 ⎭	
$^{65}Cu^{37}Cl_2$	139	1,0%	4,4

In der organisch chemischen Massenspektrometrie können die Nebenisotope von H, N und O vernachlässigt werden. Das gilt nicht für das ^{13}C-Isotop, das mit 1,11% Anteil im natürlichen Vorkommen schon bei 90 C-Atomen mit dem ^{12}C-Signal gleichzieht. Bei Verbindungen, die nur C, H, N und O enthalten, kann man daher aus dem ^{13}C-Satellitenpeak die ungefähre Zahl der C-Atome im Molekül bestimmen:

wenn $I_{12C} = 100\%$ normiert, dann $n_C = I_{13C} : 1,12$.

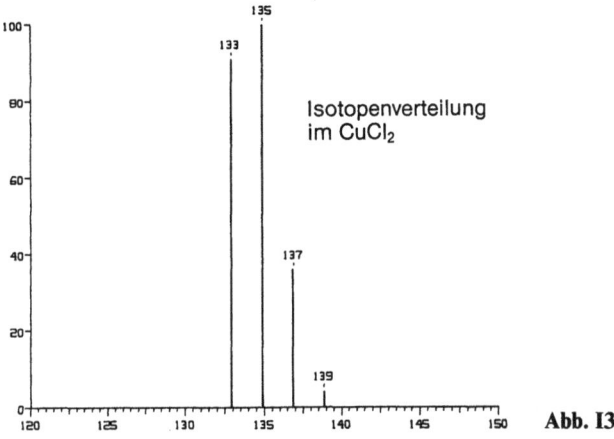

Abb. I3

Durch statistische Streuungen bei der Spektrenregistrierung ist dieses Verfahren allerdings nicht sehr genau.

Literatur
1. H. Budzikiewicz: Massenspektrometrie, 2. Aufl. Verlag Chemie, Weinheim 1980

Isotopenpeak → Isotope

Isotopenverdünnungsanalyse
ein Verfahren, das durch den Zusatz einer bekannten Menge einer isotopenmarkierten Verbindung (Tracer) zu einem Substrat erlaubt, auf die unbekannte Menge eines in seiner natürlichen Isotopenverteilung darin vorliegenden chemischen Elementes oder Stoffes zurückzurechnen. Man setzt dabei voraus, daß die markierte und die unmarkierte Verbindung aufgrund ihrer gleichen chemischen Eigenschaften die gleiche → Empfindlichkeit im Massenspektrometer aufweisen. Das heißt, daß gleiche Intensitäten beim Proben- und Tracersignal gleiche absolute Mengen anzeigen.

Durch Kombination von Gaschromatographie und hochauflösender Massenspektrometrie mit MID-Technik (→ Multiple Ion Detection) können mit Hilfe der Isotopenverdünnungsanalyse in extrem niedrigen Konzentrationsbereichen noch quantitative Messungen mit hoher Selektivität vorgenommen werden. Ein bekanntes Beispiel hierfür aus der Umweltanalytik ist die quantitative Bestimmung von weniger als 100 fg (1 Femtogramm = 10^{-15} g) 2,3,7,8-Tetrachlordibenzodioxin in 1 µl Lösung (< 0,1 ppb).

Zur Isotopenmarkierung für die organisch chemische Massenspektrometrie werden meist Wasserstoff gegen Deuterium, ^{12}C gegen ^{13}C, ^{16}O gegen ^{18}O oder ^{14}N gegen ^{15}N ausgetauscht. Welches Isotop eingesetzt wird, hängt meist von der synthetischen „Zugänglichkeit" des Zielmoleküls ab.

Literatur
1. J. Watson: Introduction To Mass Spectrometry, 2. Ed. Raven Press, New York 1985
2. K. Beyermann: Organische Spurenanalyse. Thieme Verlag, Stuttgart, New York 1982

Kaliforniumplasmadesorption
eine Methode, die als →weiche Ionisationsmethode in der massenspektrometrischen Routine bisher nur eine geringe Verbreitung gefunden hat. Ihr wesentlicher Vorteil liegt in der Ionisation von nicht verdampfbaren Molekülen sehr hoher Massen (> 10 000 g/mol, Peptide, Oligonucleotide).

Die Ionisation beruht auf dem Zerfall von ^{252}Cf in zwei nahezu gleich schwere Zerfallsprodukte mit ca. 80 MeV Energie, die die auf einer Nickelfolie präparierte Probe unter Ionisation desorbieren. Der gleichzeitig aus der Metallfolie ausgelöste Sekundärelektronenstrom gibt den Startimpuls für ein als Massenanalysator nachgeschaltetes →Flugzeitmassenspektrometer. Neben niedrigen Ionenströmen begrenzt die dem Flugzeitspektrometer eigene niedrige Massenauflösung (→Auflösung) den breiten Einsatz der Methode.

Literatur
1. R. J. Cotter: Anal. Chem. *60*, 781A (1988)

Kollektor →Auffänger

Ladung, lokalisierte
stellt ein theoretisch umstrittenes empirisches Konzept zur Interpretation von →Massenspektren dar. Es entwickelte sich aus der Beobachtung, daß in Molekülionen Bindungsbrüche in der Nähe von Heteroatomen (O, N, S) und π-Systemen bevorzugt stattfinden.

Ausgehend von der Überlegung, daß eine positive oder negative Ladung durch Lokalisierung in einer elektronegativen oder mesomer begünstigten „Zone" des Moleküls stabilisiert wird, können durch anschließende „Elektronenwanderung" oder Umlagerung Bindungsbrüche vorhergesagt werden (→ α-Spaltung, → Allylspaltung, → Benzylspaltung, → McLafferty-Umlagerung), s. Abb. L1 und Abb. L2.

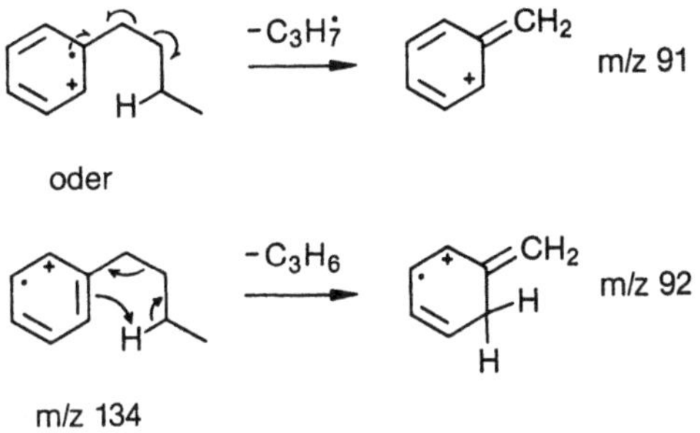

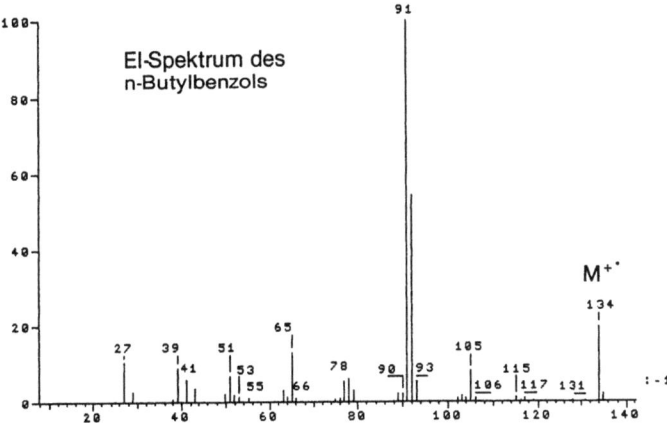

Abb. L1

Abb. L2

Literatur
1. H. Budzikiewicz: Massenspektrometrie, 2. Aufl. Verlag Chemie, Weinheim 1980

Laserdesorption

eine der →Sekundärionenmassenspektrometie (SIMS) verwandte Oberflächenionisationsmethode (→weiche Ionisationsmethoden). Im Unterschied zur SIMS werden bei der Laserdesorption Photonen (Laserstrahl) als Primärteilchen benutzt. Aufgrund der kleinen Ionenströme findet man die Laserdesorption bisher nur in Kombination mit →Flugzeitmassenspektrometern. Der Startimpuls des Lasers ist dabei gleichzeitig das Startsignal für die Flugzeitmessung. In Kombination mit einem Mikroskop setzt man die Laserdesorption zur zielgenauen Mikroanalyse von Oberflächen ein (LAMMA, Abkürzung aus dem Engl.: *Laser Mikroprobe Mass Analysis*). Ein breiter analytischer Einsatz ist ihr wegen der niedrigen Ionenströme und durch die Begrenzungen, die aus dem →Flugzeitmassenspektrometer resultieren, bisher verwehrt geblieben.

Literatur
1. J. Watson: Introduction To Mass Spectrometry, 2. Ed. Raven Press, New York 1985
2. M. Karas, F. Hillenkamp: Anal. Chem. *60*, 2299 (1988)

LC-MS-Kopplung →Chromatographie

Linked Scan

Linked Scan Techniken dienen der Registrierung →metastabiler Ionen in doppelfokussierenden Sektorfeldmassenspektrometern (→Doppelfokussierung). Ionen, die beim Zerfall im ersten feldfreien Raum zwischen Beschleunigungsstrecke und erstem Sektorfeld entstehen, können ein elektrostatisches Sektorfeld nicht passieren, da sie beim Zerfall ihre kinetische Energie ändern. Das elektrostatische Feld ist aber nur für die kinetische Energie des Vorläuferions durchlässig. Will man dennoch Zerfallsprodukte aus dem ersten feldfreien Raum detektieren, muß der elektrostatische Analysator in Verknüpfung mit dem →magnetischen Massenanalysator gescant werden. Dies berücksichtigt die verschiedenen kinetischen Energien der Zerfallsprodukte. In der folgenden Aufstellung sind die drei wichtigsten Scanfunktionen für die Detektion metastabiler Ionen aus dem ersten feldfreien Raum doppelfokussierender Massenspektrometer zusammengestellt (→Tandemmassenspektrometrie).

Linked-Scan-Funktionen

Zerfallsgleichung:

$$m_1^+ \rightarrow m_2^+ + m_n \qquad \text{mit } m_n = m_1 - m_2$$
$$\text{und } m_2 < m_1;$$

1. **Konstanter Vorläufer m_1^+:**

   $\dfrac{B}{E}$ = konstant   alle m_2^+ werden detektiert;

2. **Konstantes Fragmention m_2^+:**

   $\dfrac{B^2}{E}$ = konstant   alle Vorläufer m_1^+ werden detektiert;

3. **Konstanter neutraler Verlust m_n:**

   $\dfrac{B^2}{E}(E_0 - E)$ = konstant   alle Vorläufer m_1^+, die ein konstantes Neutralteilchen m_n verlieren, werden detektiert;

mit B Magnetfeld, E elektrostatisches Feld, E_0 elektrostatisches Feld des Haupstrahls (m_1^+).

Literatur
1. K. L. Bush, G. K. Glish, S. A. McLuckey: Mass Spectrometry/Mass Spectrometry. VCH Publishers, New York 1988

Magnetischer Massenanalysator

Beim magnetischen Massenanalysator wird zur Trennung der Ionen nach ihren Masse-zu-Ladungsverhältnissen die Lorenzkraft genutzt. Sie zwingt bewegte Ladungen beim Durchtritt durch ein Magnetfeld auf Kreisbahnen. Es stellt sich ein Gleichgewicht zwischen Lorenzkraft und Zentrifugalkraft ein (s. Abb. M1).

Die Geschwindigkeit v der Ionen ergibt sich aus ihrer kinetischen Energie, die sie bei der Beschleunigung aus der Ionenquelle aufnehmen.

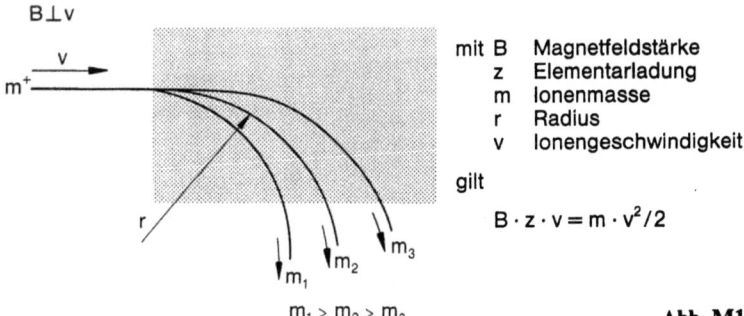

mit B Magnetfeldstärke
z Elementarladung
m Ionenmasse
r Radius
v Ionengeschwindigkeit

gilt

$B \cdot z \cdot v = m \cdot v^2 / 2$

Abb. M1

Magnetischer Massenanalysator

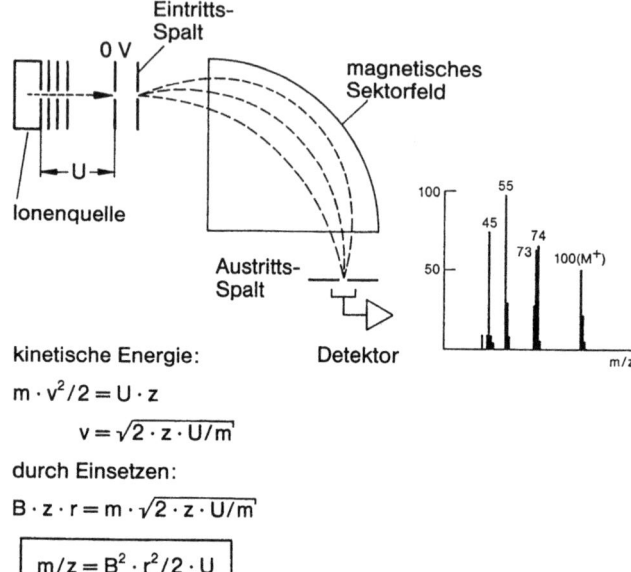

kinetische Energie:

$m \cdot v^2/2 = U \cdot z$

$v = \sqrt{2 \cdot z \cdot U/m}$

durch Einsetzen:

$B \cdot z \cdot r = m \cdot \sqrt{2 \cdot z \cdot U/m}$

$$m/z = B^2 \cdot r^2/2 \cdot U$$

Abb. M2

Die Gleichung in Abb. M2 drückt aus, daß zwei Ionen mit verschiedener Masse durch Variation von Magnetfeld B oder Beschleunigungsspannung U am gleichen Punkt, dem Auffänger, abgebildet werden können. Man kann also durch →Scanen von B oder U einen in das Magnetfeld eintretenden Ionenstrahl nach seinen Masse-zu-Ladungsverhältnissen auftrennen und erhält so das →Massenspektrum.

Das →Auflösungsvermögen eines solchen Analysators wird in Analogie zur Bildblende beim Fotoapparat von der Größe des Ein- und Austrittsspaltes bestimmt. Um ein verschieden hohes Auflösungsvermögen einstellen zu können, sind Ein- und Austrittsspalt variabel ausgeführt.

Je kleiner die Spalte eingestellt sind, desto größer ist das Auflösungsvermögen. Da dabei aber Ionen ausgeblendet werden, ist auch die →Empfindlichkeit entsprechend kleiner.

Literatur
1. J. Watson: Introduction To Mass Spectrometry, 2. Ed. Raven Press, New York 1985
2. H. Kienitz: Massenspektrometrie. Verlag Chemie, Weinheim 1968
3. H. Budzikiewicz: Massenspektrometrie, 2. Aufl. Verlag Chemie, Weinheim 1980

Massenfilter → Quadrupolmassenspektrometer

Massenmessung, genaue
Da alle Isotopenmassen mit Ausnahme von ^{12}C von ihrer →nominellen Masse abweichen (→Isotope; Tabelle 1, s. S. 69), kann man durch genaue Bestimmung der Ionenmasse auf die Summenformel eines Ions zurückschließen. Hierfür eignen sich nur Massenspektrometer, die →Auflösungsvermögen über 10 000 erreichen, also →Ionencyclotronresonanz-Spektrometer oder doppelfokussierende Sektorfeldspektrometer (→Doppelfokussierung, →magnetischer Massenanalysator).
Zur Bestimmung einer unbekannten Ionenmasse wird ein →Massenspektrum der unbekannten Probe zusammen mit einer →Eichsubstanz aufgenommen. Durch Interpolation zwischen bekannten Massen der Eichsubstanz errechnet sich die Masse von dazwischen liegenden Ionen unbekannter Masse. (Exakte Massen lassen sich auf diesem Weg auf 0,5 ppm genau bestimmen.) Mit Hilfe geeigneter Computerprogramme, die die früher üblichen Summenformeltabellen abgelöst haben, kann man daraus die entsprechende Summenformel berechnen.
Die Messung genauer Ionenmassen ist auch mit dem sogenannten →„Peak Matching" möglich. Nach der Bestimmung der genauen Masse läßt sich dann daraus ebenfalls auf die Summenformel zurückrechnen.

Literatur
1. H. Kienitz: Massenspektrometrie. Verlag Chemie, Weinheim 1968

Massenspektrometer
Das Massenspektrometer ist neben dem Kernspinresonanz-, dem Infrarot- und dem Ultraviolettspektrometer eines der wichtigsten Hilfsmittel der modernen Methoden organisch und anorganisch chemischer Strukturaufklärung. Es dient der Trennung von Ionengemischen nach ihren Masse-zu-Ladungs-Verhältnissen. Hierfür stehen eine Vielzahl von →Analysatoren zur Verfügung. Die Ionengemische entstehen durch →Ionisation von ins Spektrometer eingebrachten chemischen Verbindungen. Je nach Substanzklasse kommen verschiedene Ionisationsmethoden zum Einsatz.
Als Ergebnis liefert ein Massenspektrometer Angaben über die Massen von Ionen und ihre relativen Anteile in einem Ionengemisch. Diese Angaben finden sich als Peaks in einem Koordinatensystem, in dem die Masse-zu-Ladungs-Verhältnisse gegen die Signalintensität

44 Massenspektrum

aufgetragen sind (→ Massenspektrum). Üblicherweise werden die analogen Signale, die als Gauß-Kurven im Spektrum erscheinen, zu einem Strich zusammengefaßt. Dabei repräsentiert die Höhe des Strichs die relative Intensität, seine Position auf der m/z-Ordinate die Masse des detektierten Ions (Strichspektrum).

Da ionisierte Proben ein für ihre Struktur spezifisches Massenspektrum liefern, kann man durch dessen Interpretation Strukturmerkmale herausarbeiten und in Kombination mit den anderen genannten analytischen Methoden unbekannte chemische Strukturen ermitteln. Durch Anlegen von → Spektrenbibliotheken kann durch späteren Vergleich ein unbekanntes Massenspektrum leicht wieder identifiziert werden.

Literatur
1. J. Watson: Introduction To Mass Spectrometry, 2. Ed. Raven Press, New York 1985
2. H. Kienitz: Massenspektrometrie. Verlag Chemie, Weinheim 1968
3. H. Budzikiewicz: Massenspektrometrie, 2. Aufl. Verlag Chemie, Weinheim 1980

Massenspektrum

die graphische oder tabellarische Repräsentation der mit einem → Massenspektrometer gewonnenen Daten (Abb. M3).

Gewöhnlich werden die analogen Signale, die als Gauß-Kurven im Spektrum erscheinen, zu einem Strich zusammengefaßt (Strichspektrum). Dabei steht die Höhe des Strichs für die relative Peakintensität, seine Position auf der m/z-Achse für die Masse des detektierten Ions.

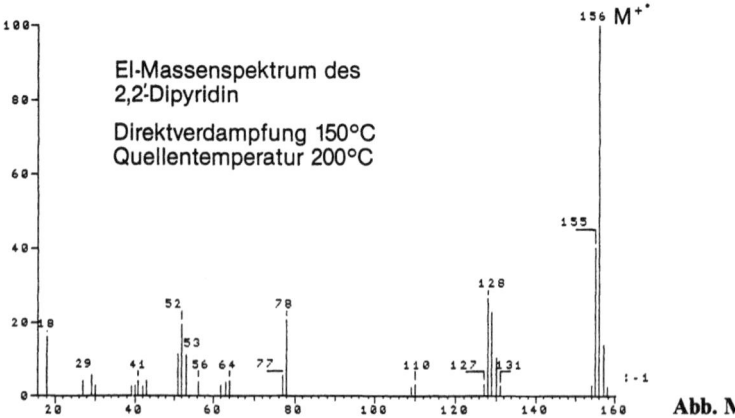

Abb. M3

Typische Daten, die man in einem Massenspektrum findet, sind die Ionenmasse (als m/z-Werte auf der Abszisse), die zur Ionenmasse gehörende relative Intensität (normiert auf 100% des intensivsten Ions (Basision) im Spektrum) sowie verschiedene Angaben über die Ionisation, Art des verwendeten → Analysators usw.

Literatur
1. J. Watson: Introduction To Mass Spectrometry, 2. Ed. Raven Press, New York 1985
2. H. Kienitz: Massenspektrometrie. Verlag Chemie, Weinheim 1968
3. H. Budzikiewicz: Massenspektrometrie, 2. Aufl. Verlag Chemie, Weinheim 1980

Massenzahl → nominelle Masse

Matauch-Herzog-Analysator
Der Matauch-Herzog-Analysator ist ein doppelfokussierendes Massenspektrometer (→ Doppelfokussierung) mit spezieller Geometrie. Diese Geometrie erlaubt eine gleichzeitige Abbildung eines großen Massenbereichs in einer Bildebene. Befindet sich in dieser Bildebene eine Fotoplatte, erzeugt jede Massenlinie eine Schwärzung. Der Grad der Schwärzung ist ein Maß für die Signalintensität. Im Unterschied zum → Nier-Johnson-Analysator hat dieser Analysatortyp außerdem kein Zwischenbild zwischen elektrostatischem und magnetischem Analysator (Abb. M4).

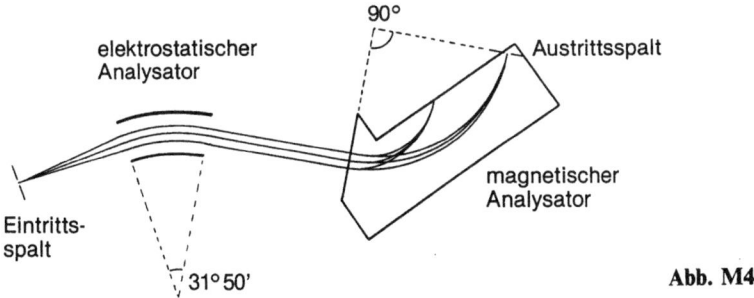

Abb. M4

Literatur
1. H. Kienitz: Massenspektrometrie. Verlag Chemie, Weinheim 1968

McLafferty-Umlagerung

McLafferty-Umlagerung nennt man eine spezielle →Umlagerung, bei der ein neutraler, nicht radikalischer Teil eines Molekül- oder Fragmentions unter Übertragung eines H-Atoms abgespalten wird.

zum Beispiel:

m/z 116 → m/z 74

Literatur
1. H. Budzikiewicz: Massenspektrometrie, 2. Aufl. Verlag Chemie, Weinheim 1980

Mehrsektorfeldanalysatoren

sind Tandemmassenspektrometer (→Tandemmassenspektrometrie) mit 2 bis 4 Sektorfeldern (→magnetischer Massenanalysator, →Doppelfokussierung). Der einfachste „Mehrsektorfeldanalysator" ist der →Nier-Johnson-Analysator mit normaler und umgekehrter Geometrie. Nach der Reihenfolge von magnetischem und elektrostatischem Sektor spricht man von BE- oder EB-Konfiguration. In Abb. M5 sind die derzeit realisierten Mehrsektorfeldkonfigurationen zusammengestellt.

Literatur
1. K.L. Bush, G.K. Glish, S.A. McLuckey: Mass Spectrometry/Mass Spectrometry. VCH Publishers, New York 1988

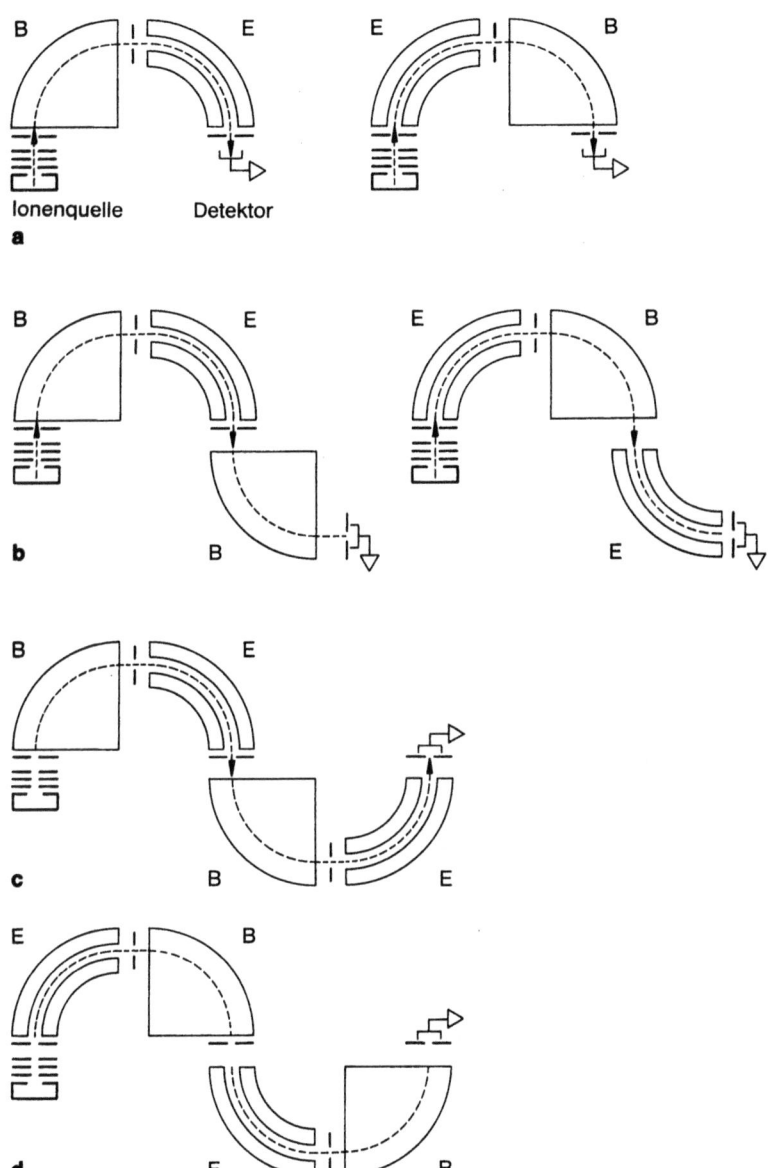

Abb. M5. a Doppelfokussierende Analysatoren; b Dreisektor-Analysatoren; c, d Viersektor-Analysatoren

Metastabile Ionen

Metastabile Ionen
heißen Ionen, deren Lebensdauer zu hoch ist, um direkt nach ihrer Bildung in der Ionenquelle zu zerfallen, deren Lebenszeit aber zu klein ist, um intakt den →Auffänger zu erreichen. Solche Ionen zerfallen im Analysator und treten bei einfach fokussierenden Sektorfeldmassenspektrometern als breite Signale mit kleinen Massen auf:

Zerfallsgleichung:

$$m_1^+ \rightarrow m_2^+ + m_n \quad \text{mit } m_n = m_1 - m_2 \text{ und } m_2 < m_1,$$
$$m_2 \cdot v_2 = B \cdot z \cdot r \quad (\rightarrow \text{magnetischer Analysator}).$$

Da sich beim Zerfall von m_1^+ nach m_2^+ die kinetische Energie von m_1 auf m_2 und m_n verteilt, ist $v_2 = v_1$ und mit

$$v_1 = \sqrt{\frac{2 \cdot z \cdot U}{m_1}}$$

ergibt sich

$$m_2 \cdot \sqrt{\frac{2 \cdot z \cdot U}{m_1}} = B \cdot z \cdot r$$

durch algebraische Umstellung:

$$\frac{m_2^2}{m_1} \bigg/ z = \frac{B^2 \cdot r^2}{2 \cdot U} \quad \text{mit } \frac{m_2^2}{m_1} = m^*,$$

$$\frac{m^*}{z} = \frac{B^2 \cdot r^2}{2 \cdot U}.$$

Typische Lebenszeiten von Ionen nach ihrer Bildung in der Ionenquelle:

$t > 10^{-5}$ s   Ionen erreichen den Auffänger (z. B. Molekülionen);

$10^{-5} > t > 10^{-6}$ s   Ionen erreichen den Analysator und zerfallen dort, bevor sie den Auffänger erreichen („metastabile Ionen");

$t < 10^{-6}$ s   Ionen zerfallen in der Ionenquelle und bilden Fragmentionen.

Literatur
1. K. L. Bush, G. K. Glish, S. A. McLuckey: Mass Spectrometry/Mass Spectrometry. VCH Publishers, New York 1988

Molekülion

das Ion höchster Masse in einem →Massenspektrum, das man unter →Elektronenstoßionisation (EI) einer reinen chemischen Verbindung erhält. Es bildet sich aus den Probenmolekülen durch Abstraktion (positive EI) oder Addition (negative EI) eines Elektrons. Wichtigste Kriterien für das Erkennen eines Molekülions M^+ in einem EI-Spektrum sind:

- Ion höchster Masse;
- niedrigstes →Auftrittspotential (im Vergleich zu den Fragmentionen);
- enthält alle Elemente, die sich auch in den Fragmentionen finden (→Massenmessung, genaue);
- alle Fragmentionen stehen mit dem Molekülion durch sinnvolle Massendifferenzen in Beziehung (→Fragmentierungsmuster).

Bei Verwendung einer →weichen Ionisationsmethode dominieren →Quasimolekülionen mit Zusammensetzungen wie $[M+H]^+$, $[M+Na]^+$, $[M-H]^-$.

Literatur
1. H. Budzikiewicz: Massenspektrometrie, 2. Aufl. Verlag Chemie, Weinheim 1980

Moving Belt

eine mechanische Transporteinrichtung für Proben in Lösung in die im Hochvakuum (→Vakuum) befindliche Ionenquelle. Der „Belt" wird als schnelles Probeneingabesystem und zur Kopplung von Flüssigchromatographen (→Chromatographie) verwendet. Die Probe wird in Lösung auf ein ca. 4 mm breites und 50 cm langes Polyimidförderband getropft. Dieses Band fährt dann über eine Heizbank und durch zwei Vakuumkammern in die Ionenquelle, wo die dabei eingetrocknete Probe an einer sehr heißen Bandführung (ca. 300 bis 400 °C) in die Quelle verdampft wird. Danach erfolgt Ionisation und Massenanalyse. Das Band läuft auf der Unterseite der Vakuumkammern und der Heizbank zum Ausgangspunkt zurück. Durch kontinuierliches Auftropfen aus einem Flüssigchromatographen erhält man eine „On Line"-Kopplung mit dem Massenspektrometer. Zur Ionisation können →Elektronenstoß- und →Chemische Ionisation eingesetzt werden.

Literatur
1. D. E. Games, M. A. McDowall, K. Levsen, K. H. Schäfer, P. Dobberstein, J. L. Gower: Biomed. Mass Spectrom. *11*, 87 (1984)

MS/MS → Tandemmassenspektrometrie

Multiple Ion Detektion (MID)
das Anspringen eines oder einiger ausgewählter Ionen durch entsprechende schrittweise Einstellung der physikalischen Größe, die zur Massentrennung im Massenspektrometer variiert werden kann (→ magnetischer Massenanalysator, → Quadrupolmassenspektrometer). Durch die Auswahl einiger einzelner Ionen steht die Zeit, die im Vergleich zum → Scan gespart wird, als Meßzeit zur Verfügung. Dies führt zu einer 100- bis 1000mal höheren → Empfindlichkeit, setzt aber voraus, daß das Spektrum und damit die zu messende Probe bekannt sind. Daher setzt man MID in Kombination mit chromatographischen Methoden zum selektiven, quantitativen und sehr empfindlichen Nachweis bekannter chemischer Verbindungen in komplexen Gemischen ein (z.B. Umweltanalytik; → Chromatographie).

Multiplett
Ein Multiplett liegt vor, wenn isobare Ionen verschiedener genauer Massen zur gleichen Zeit in einem → Massenspektrum auftreten (z.B. m/z 28 kann N_2, CO, H_2CN und C_2H_4 sein; → Massenmessung, genaue). Multipletts können in Spektren von Substanzgemischen die relative Intensität stark verfälschen.

Literatur
1. H. Budzikiewicz: Massenspektrometrie, 2. Aufl. Verlag Chemie, Weinheim 1980

Mutterionen
die Vorläuferionen in einem MS/MS-Spektrum (→ Tandemmassenspektrometrie).

Negative Chemische Ionisation (NCI) → Chemische Ionisation

Neutral Verlust (engl.: *Neutral Loss*)
der neutrale Molekülteil, der bei der Bildung eines Fragmentions aus einem Vorläuferion (Mutterion) abgespalten wird (→ Tandemmassenspektrometrie).

Nier-Johnson-Analysator

ein → doppelfokussierendes Sektorfeldmassenspektrometer mit einem Aufbau in der Reihenfolge Ionenquelle, elektrostatischer Analysator, → magnetischer Analysator und Detektor (Abb. N1).

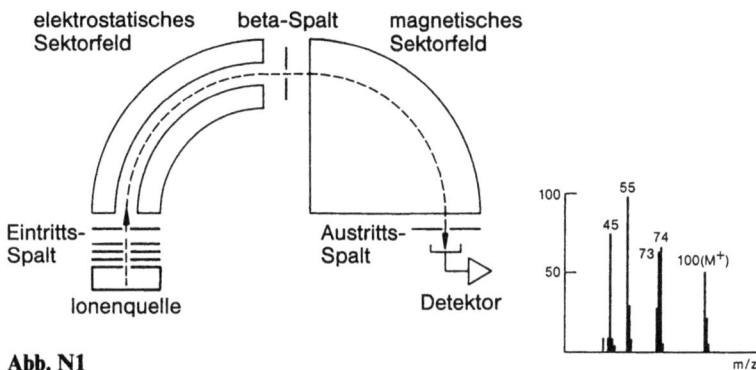

Abb. N1

Sind Ionenquelle und Auffänger gegeneinander vertauscht, spricht man von einem Nier-Johnson-Analysator mit umgekehrter Geometrie. Mit Nier-Johnson-Analysatoren können Auflösungen über 100 000 erreicht werden. Der zugängliche Massenbereich reicht heute von 1 bis weit über 20 000 g/mol. Das Haupteinsatzgebiet liegt in der organisch chemischen Analytik.

Literatur
1. J. Watson: Introduction To Mass Spectrometry, 2. Ed. Raven Press, New York 1985

Niederenergiespektrum → Primärelektronenenergie

Nominelle Masse

Bei der Verwendung des nominellen Massenbegriffs bleibt aus Gründen der Vereinfachung die Tatsache unberücksichtigt, daß die → Isotope der chemischen Elemente keine ganzzahligen Vielfache eines Zwölftels des Kohlenstoffisotops ^{12}C (12,0000 g/mol) sind, sondern kleine Abweichungen aufweisen. Da diese Abweichungen bei Molekülen bis zur Masse 1000 g/mol kaum eine Rolle spielen, hat man die nominelle (ganzzahlige) Massenzählung eingeführt (→ Massenmessung, genaue).

Ortho-Effekt

Literatur
1. H. Budzikiewicz: Massenspektrometrie, 2. Aufl. Verlag Chemie, Weinheim 1980

Ortho-Effekt
bei 1,2-disubstituierten Aromaten den Einfluß der ortho ständigen Gruppierung auf das Fragmentierungsverhalten des ersten Substituenten (meist über eine → McLafferty-Umlagerung).

m/z 169   m/z 152

Literatur
1. H. Budzikiewicz: Massenspektrometrie, 2. Aufl. Verlag Chemie, Weinheim 1980

Parentscan → Tandemmassenspektrometrie

Particle Desorption → Kaliforniumplasmadesorption

Peak Matching
eine Methode, die zur genauen → Massenmessung an Sektorfeldmassenspektrometern eingesetzt wird. Bei konstantem → Magnetfeld B wird durch Variation der Beschleunigungsspannung U der Abbildungsradius des Ions unbekannter Masse mit dem eines Ions bekannter Masse (→ Eichsubstanzen) zur Deckung gebracht. Aus $U_1 : U_2 = m_2 : m_1$ läßt sich anhand einer bekannten Masse und durch genaue Spannungsmessung von U_1 und U_2 die unbekannte Masse berechnen. Abweichungen für solche Massenmessungen liegen unter 0,5 ppm.

Literatur
1. H. Kienitz: Massenspektrometrie. Verlag Chemie, Weinheim 1968

Peptidsequenzierung

Die Peptidsequenzierung mit dem →Tandemmassenspektrometer gewinnt in den letzten Jahren zunehmend an Interesse. Sie beruht auf der Beobachtung, daß unter FAB-Ionisation protonierte Quasimolekülionen von Oligopeptiden bis ca. 1500 g/mol [1–5] nach energetischer Anregung durch Gasstöße in ihren MS/MS-Spektren spezifische Ionen zeigen, die direkt der Aminosäuresequenz zugeordnet werden können (Abb. P1). Die Klassifizierung der sequenzspezifischen Signale erfolgt nach einer von P. Roepstorff [6] vorgeschlagenen Nomenklatur (Abb. P2, s. S. 54).

Limitierungen der Methode liegen einerseits in dem relativ hohen gerätetechnischen Aufwand und andererseits in einer Beschränkung des Molekulargewichtsbereich auf deutlich unter 2000 g/mol. Letzteres beruht auf der mit der Zahl der Aminosäuren zunehmenden Zahl der inneren Freiheitsgrade, in die sich die bei einem Gasstoß auf das Molekül übertragene Energie verteilt. Diese Energie steht für die Dissoziation nicht mehr zur Verfügung; die Zahl der Sequenzionen im MS/MS-Spektrum nimmt ab [7, 8].

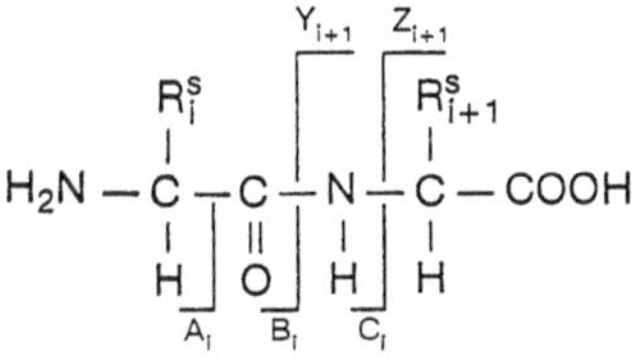

$$H_2N - \underset{\underset{A_i}{\underset{H}{|}}}{\overset{\overset{R_i^s}{|}}{C}} - \underset{B_i}{\overset{\overset{}{\|}}{C}} - \overset{Y_{i+1}}{\overline{\underset{C_i}{\underset{\underset{H}{|}}{N}}}} - \overset{Z_{i+1}}{\overline{\underset{H}{\underset{|}{C}}}} \overset{R_{i+1}^s}{\overset{|}{}} - COOH$$

Abb. P1. Schema, das der Klassifizierung der Peptidsequenzionen zugrunde liegt. A_i, B_i und C_i sind die N-terminalen Sequenzionen, Y_{i+1} und Z_{i+1} sind die C-terminalen Sequenzionen. Eine Indizierung durch ein oder zwei hochgestellte Striche zeigt die Übertragung von ein oder zwei Protonen auf dieses Bruchstück an (z.B. B_1', Y_3'')

Literatur

1. K. Biemann: Anal. Chem. *58*, 1288A (1986)
2. D.F. Hunt, J.R. Yates, J. Shabanowitz: Methods in Protein Sequence Analysis *1986*, 149
3. K. Biemann, S.A. Martin: Mass Spectrom. Rev. *6*, 1 (1987)
4. E. De Pauw, G. Pelzer, K. Nasar: Biomed. Mass Spectrom. *15*, 577 (1988)
5. S.J. Gaskell, M.H. Reilly: Rapid Comm. Mass Spectrom. *2*, 188 (1988)
6. P. Roepstorff, J. Fohlmann: Biomed. Mass Spectrom. *11*, 601 (1984)
7. G.M. Neumann, P.J. Derrick: Org. Mass Spectrom. *19*, 165 (1984)
8. M.M. Sheil, P.J. Derrick: Org. Mass Spectrom. *20*, 430 (1985)
9. M.M. Sheil, P.J. Derrick: Org. Mass Spectrom. *23*, 429 (1988)

54   Peptidsequenzierung

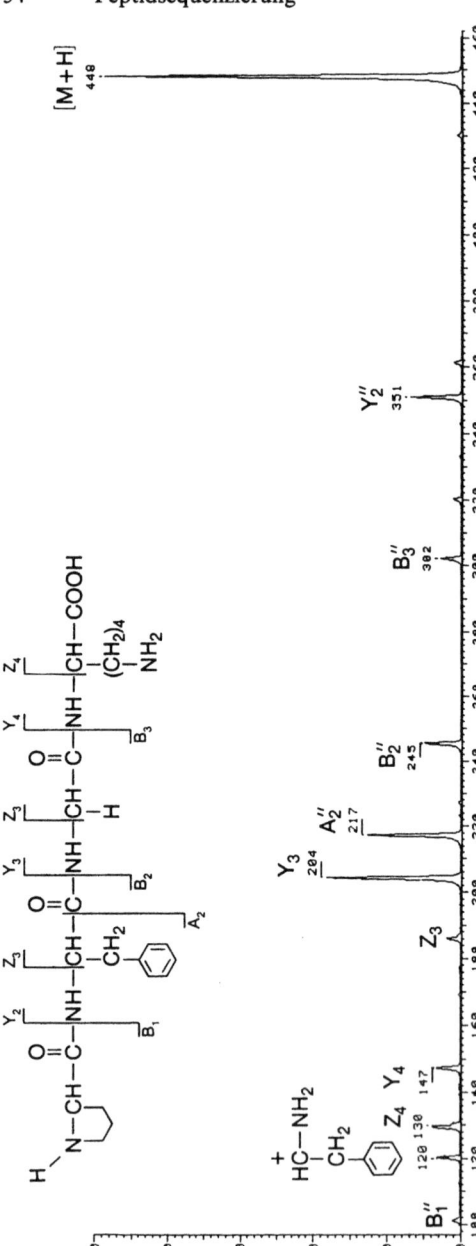

Abb. P2. FAB-MS/MS-Spektrum eines Tetrapeptids mit der Klassifizierung nach Roepstorff

Photodissoziation
der Zerfall von Ionen nach Anregung mit Photonen, meist aus Laserlicht des ultravioletten Bereichs. Wegen der geringen Sekundärionenausbeute hat sie bisher in die Routineanalytik keinen Eingang gefunden (→ Tandemmassenspektrometrie).

Photoionisation
Die Photoionisation ist als Ionisationsmethode in der organisch chemischen Analytik kaum gebräuchlich. Sie findet ihren Einsatz bei der →Laserdesorption und führt dort zur Nachionisation von Neutralteilchen, die bei der Laserdesorption nicht ionisiert wurden. Die Ionisation erfolgt durch Beschuß der Substratmoleküle mit Photonen aus gepulsten Laserstrahlen.

Plasmadesorption → Kaliforniumplasmadesorption

Primärelektronenenergie
die Energie, mit der in einer EI-Quelle (→ Elektronenstoßionisation) die aus der Glühkathode emittierten Elektronen in die Ionenquelle eintreten. Sieht man von der thermischen Energiebreite der Elektronen ab, so ergibt sich die Primärelektronenenergie direkt aus dem Spannungspotential, das die Elektronen zwischen Kathodenoberfläche und eigentlicher Ionenquelle durchlaufen (Abb. P3).

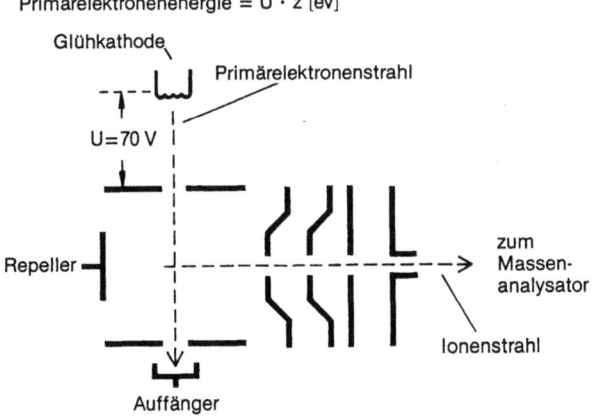

Abb. P3

Um ein Atom oder Molekül, das sich im Gasraum einer solchen Quelle befindet, ionisieren zu können, muß die Primärelektronenenergie mindestens so hoch wie das →Ionisierungspotential des Atoms oder Moleküls sein (zwischen 5 und 25 eV). EI-Spektren werden mit Primärelektronenenergien zwischen 60 und 100 eV (typisch 70 eV) erzeugt. Bei Primärelektronenenergien unter 40 eV (10 bis 40 eV) spricht man von „Niederenergiespektren". Letztere zeichnen sich durch überwiegende Bildung des Molekülions M^+ und geringe Fragmentionenanteile aus. Der analytische Gebrauch von Niederenergie-EI-Spektren ist weitestgehend durch →weiche Ionisationsmethoden verdrängt worden.

Literatur
1. H. Kienitz: Massenspektrometrie. Verlag Chemie, Weinheim 1968
2. H. Budzikiewicz: Massenspektrometrie, 2. Aufl. Verlag Chemie, Weinheim 1980

Quadrupolmassenspektrometer
ein Massenspektrometer, das neben den Sektorfeldmassenspektrometern (→magnetischer Massenanalysator) zu den wichtigsten Analysatoren in der massenspektrometrischen Praxis zählt.

Liegt an jeweils zwei benachbarten Stäben eines Quadrupolsystems die Gleichspannung 2 U und die Wechselspannung (2 V · cos ωt) an, entsteht in der Nähe der z-Achse ein Potential

$$\phi(x, y, t) = (U + V \cdot \cos \omega t) \cdot \frac{x^2 - y^2}{r^2} \quad \text{(s. a. Abb. Q1)}.$$

Es läßt sich zeigen, daß in Abhängigkeit von der Wechselspannungsamplitude V nur ein bestimmtes Masse-zu-Ladungs-Verhältnis dieses Potential durchlaufen kann (Massenfilter):

$$\frac{m}{z} = \frac{5{,}7 \cdot V}{\omega^2 \cdot r^2}.$$

Solche Massenfilter haben eine variable Auflösung. Sie nimmt mit steigender Ionenmasse zu und ist gerade so groß eingestellt, daß die →nominelle Masse m noch von ihrem Nachfolger m + 1 getrennt wird (Einheitsauflösung).

Die leichte Handhabbarkeit von Quadrupolmassenspektrometern und ihre aus einer guten Ionentransmission resultierende hohe Empfindlichkeit prädestinieren sie zu idealen Routinegeräten. Die mit steigender Masse abnehmende Empfindlichkeit stellt bis 1000 g/mol keine wesentliche Einschränkung dar.

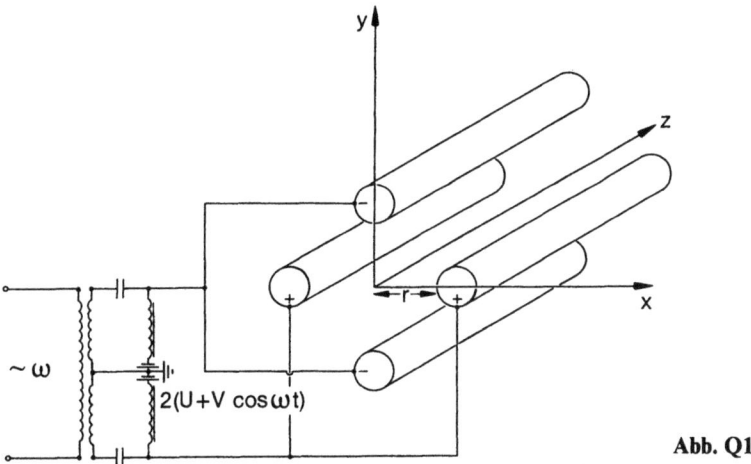

Abb. Q1

Literatur
1. P. H. Dawson: Quadrupole Mass Spectrometry. Elsevier, New York 1976

Quasimolekülionen
Ionen, die bei den meisten weichen Ionisationsmethoden (→ chemische Ionisation, → Fast Atom Bombardment, → Felddesorption, → Thermospray) im Unterschied zum → Molekülion bei der → Elektronenstoßionisation gebildet werden. Die folgenden Prozesse führen zur Bildung von Quasimolekülionen (unterstrichen):

$M + H^+ \rightarrow \underline{[M + H]^+}$ Protonierung,

$M \rightarrow \underline{[M - H]^-} + H^+$ Deprotonierung,

$M \rightarrow \underline{[M - H]^+} + H^-$ Hydridabstraktion,

$M + K^+ \rightarrow \underline{[M + K]^+}$ Kationisierung (K: Na, K).

Rektandgas → Chemische Ionisation

Retro-Diels-Alder-Zerfall

ein bei Cyclo-Olefinen zu beobachtender Fragmentierungsprozeß aus Molekülradikalkationen:

$$\text{[cyclohexene]}^{+\cdot} \longrightarrow \text{[C_2H_3]}^{+\cdot} + \begin{matrix} CH_2 \\ \| \\ CH_2 \end{matrix}$$

Er läuft immer dann bevorzugt ab, wenn das beim Zerfall entstehende Kation besonders stabil ist.

Literatur
1. H. Budzikiewicz: Massenspektrometrie, 2. Aufl. Verlag Chemie, Weinheim 1980

Richtungsdispersion → magnetischer Massenanalysator

Richtungsfokussierung → magnetischer Massenanalysator

Scan, scanen (Abtastung, abtasten)

Unter Scan versteht man die Aufnahme eines Massenspektrums durch kontinuierliche Änderung einer physikalischen Größe des Massenspektrometers, so daß ein bestimmter vorwählbarer Massenbereich am →Auffänger „abgetastet" wird. Eine solche physikalische Größe kann z. B. das Magnetfeld sein. Durch seine Variation erhält man bei →magnetischen Massenanalysatoren ein Massenspektrum, man spricht auch vom „Magnet-Scan".

Sekundärelektronenvervielfacher (SEV)

Verstärker, die der Detektion der in der Regel kleinen Ionenströme dienen. Sie besitzen Verstärkungsfaktoren zwischen 10^4 und 10^8 (Abb. S1). Ihre Verstärkungswirkung beruht darauf, daß der Ionenstrom beim Auftreffen auf die Konversionsdynode einen Sekundärelektronenstrom erzeugt. Jedes der Sekundärelektronen schlägt aus der folgenden Dynode, die auf einem um ca. 200 V höheren Potential liegt, wieder Sekundärelektronen heraus usw. Auf diesem Weg kann man noch Ionenströme von einigen 10^{-16} A messen.

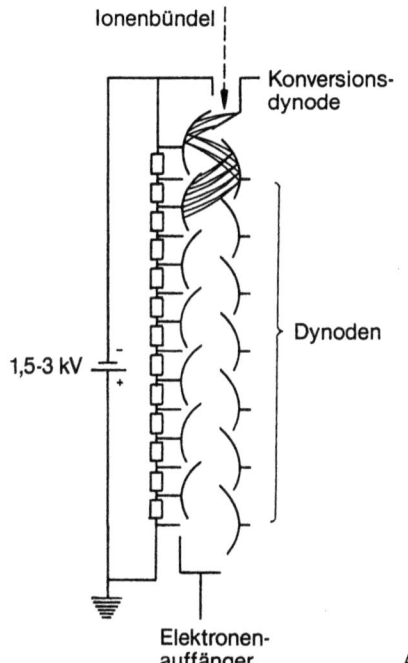

Abb. S1

Sekundärionenmassenspektrometrie (SIMS)
Beschießt man eine feste auf einem Metalltarget (Silber) befindliche Probe mit schnellen Ionen (Ar^+, Xe^+, Cs^+, einige keV kinetische Energie), wird von der Probenoberfläche ein Sekundärionenstrahl emittiert. Da die Ionenausbeute um einige Größenordnungen kleiner ist als beim methodisch sehr verwandten → Fast Atom Bombardment (FAB, Liquid SIMS), werden zur massenspektrometrischen Analyse praktisch nur → Flugzeitmassenspektrometer verwendet.
Bei der Ionisation der Probe bilden sich neben den protonierten → Quasimolekülionen Clusterionen aus Probenmolekülen und Metallionen, die aus dem Probenträger (z. B. Ag^+) und aus Verunreinigungen (Na^+, K^+) der Probe stammen.
Die Methode eignet sich sehr gut für die Untersuchung von Festkörperoberflächen. In der organisch-chemischen Analytik ist sie weitgehend vom FAB verdrängt worden.

Literatur
1. A. Benninghoven: Surface Sci. *53*, 596 (1975)
2. A. Benninghoven: Trends in Anal. Chem. *1*, 311 (1982)

SFC/MS → Superkritische Flüssigchromatographie/ Massenspektrometrie

Spektrenbibliothek
Spektrenbibliotheken sind Sammlungen von Massenspektren bekannter chemischer Verbindungen. Sie leisten eine wesentliche Hilfe bei der Strukturaufklärung unbekannter chemischer Verbindungen. Von der ursprünglichen Zusammenstellung tabellierter Massenspektren über riesige Spektren-Atlanten ist man heute zu ausschließlich computergestützten Spektrenbibliotheken übergegangen. Gerade mit dem Computer ist der Vergleich eines unbekannten Massenspektrums mit der Bibliothek erst praktikabel und zuverlässig geworden. Die verwendeten Suchalgorithmen liefern eine Liste der am besten mit dem Probenspektrum übereinstimmenden Spektren in der Bibliothek, die dann visuell mit dem unbekannten Spektrum verglichen werden können. Neben diesem direkten visuellen Vergleich ist der vom Rechner angegebene Übereinstimmungsfaktor (fit, score) ein Maß dafür, ob die chemische Struktur, die aufgrund der Bibliothekssuche ermittelt wurde, mit der unbekannten Probe übereinstimmen kann. Bei geringerer Übereinstimmung des unbekannten Spektrums mit den Bibliotheksspektren kann die vom Computer vorgeschlagene Liste häufig Strukturmerkmale der unbekannten Probe aufdecken.
Die größten heute verfügbaren Spektrenbibliotheken enthalten ca. 80 000 bis 120 000 Spektren bekannter Verbindungen.

Literatur
1. J. R. Chapman: Computer in Mass Spectrometry. Academic Press, New York 1978

Strichspektrum → Massenspektrum

Superkritische Flüssigchromatographie/Massenspektrometrie (SFC/MS)
Die Verwendung der superkritischen Flüssigchromatographie (SFC) in der chemischen Analytik ist merklich angestiegen. Da nicht alle mobilen SFC-Phasen FID-Detektor verträglich sind, ist in gleichem

Maße das Interesse an der Kopplung mit dem Massenspektrometer gestiegen [1-3]. Dies hat inzwischen zur Entwicklung verschiedener Kopplungstechniken geführt [4-6].

Wichtigstes Kriterium für ein SFC/MS-Interface ist neben seiner Heizbarkeit eine Restriktion am Austritt zur Ionenquelle. Denn eine frühzeitige Entspannung der superkritischen Flüssigkeit in der SFC-Kapillare muß verhindert werden, da sonst die darin gelösten Komponenten noch auf der Trennsäule ausfallen und sich so ihrem Nachweis entziehen.

SFC/MS-Kopplungen erlauben sowohl → Elektronenstoß- als auch → Chemische Ionisation. In beiden Fällen führt der hohe Anteil der mobilen Phase zu Empfindlichkeitsverlusten und zu Änderungen im Muster der erzeugten Massenspektren [7].

Literatur
1. J. M. Levy, W. M. Ritchey: J. High Resolut. Chromatogr. Chromatogr. Comm. *10*, 493 (1987)
2. S. M. Field, K. K. Markides, M. L. Lee: J. Chromatogr. *406*, 223 (1987)
3. J. C. Kuei, K. E. Markides, M. L. Lee: J. High Resolut. Chromatogr. Chromatogr. Comm. *10*, 257 (1987)
4. R. D. Smith, W. D. Felix, J. C. Fjeldsted, M. L. Lee: Anal. Chem. *54*, 1883 (1986)
5. H. T. Kalinoski, H. R. Udseth, B. W. Wright, R. D. Smith: Anal. Chem. *58*, 2421 (1986)
6. A. J. Berry, D. E. James, J. R. Perkins: J. Chromatogr. *363*, 147 (1986)
7. E. C. Huang, B. J. Jackson, K. E. Markides, M. C. Lee: Anal. Chem. *60*, 2715 (1988)

Tandemmassenspektrometrie (MS/MS)
In einem Tandemmassenspektrometer (MS/MS-System) sind zwei Massenspektrometer derart miteinander gekoppelt, daß im ersten (MS1) ein Ionenbündel mit einem interessierenden Masse-zu-Ladungs-Verhältnis aus dem Massenspektrum einer Probe oder eines Probengemisches ausgewählt und in einer „Stoßkammer" durch Stoß mit einem ruhenden inerten Gas energetisch angeregt werden kann (CAD, Abkürzung aus dem Engl.: Collision Activated Decomposition, oder CID, Abkürzung aus dem Engl.: Collision Induced Decomposition). Die Stoßkammer ihrerseits liegt im Fokuspunkt des zweiten Massenspektrometers (MS2), das aus den in der Stoßkammer erzeugten Fragmentionen ein zweites Massenspektrum erzeugt. Da die im ersten Massenspektrometer selektierten Ionen meist isotopenrein sind, enthalten MS/MS-Spektren keine Isotopenpeaks (→ Isotope). Die Anregungsenergie ergibt sich aus der kinetischen

62 Tandemmassenspektrometrie

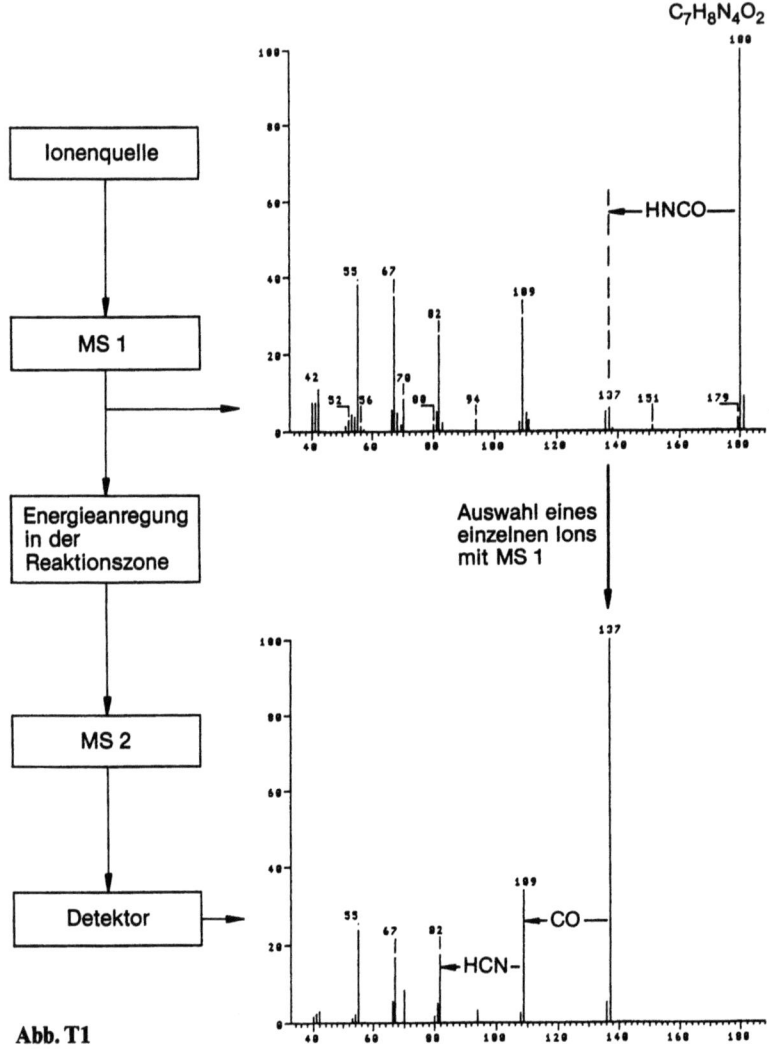

Abb. T1

Energie der Ionen, also bei Sektorfeldgeräten mit →magnetischen Massenanalysator aus der Beschleunigungsspannung (Abb. T1).

MS/MS-Systeme werden, da sie seit einigen Jahren mit guten →Empfindlichkeiten gebaut werden können, einerseits in der massenspektrometrischen Analytik von komplexen organisch-chemischen Gemischen eingesetzt (Umweltanalytik und Metabolismusforschung im Pflanzenschutz und in der pharmazeutischen Chemie). Hier nutzt man die hohe Selektivität der Methode. Andererseits bietet die freie Auswahlmöglichkeit von Ionen aus einem Massenspektrum und ihre Untersuchung auf Vorläufer- oder Tochterionen (siehe Übersicht der Scanfunktionen) ideale Bedingungen zur Aufklärung von →Fragmentierungsmustern und ihrer Entstehung [1, 2].

In der analytischen Praxis scheinen sich im wesentlichen drei MS/MS-Systemtypen durchzusetzen:

1. Aufgrund der leichten Handhabbarkeit ist das Tripel-Quadrupolmassenspektrometer am weitesten verbreitet (Abb. T2) [3].

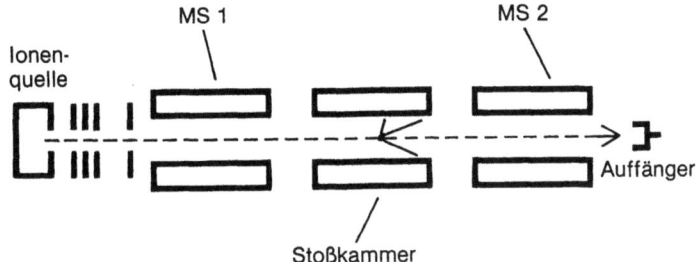

Abb. T2. Tripel-Quadrupol-MS/MS-System

2. Die Kombination von zwei doppelfokussierenden →magnetischen Massenanalysatoren (→Doppelfokussierung) hat zur Entwicklung verschiedener →Mehrsektorfeldanalysatoren geführt [2].
3. Aus der Kopplung eines doppelfokussierenden →magnetischen Massenanalysators mit zwei Quadrupolen (eine Stoßzelle und ein Massenfilter) leitet sich das Hybridsystem ab (Abb. T3) [4].

Die verschiedenen MS/MS-Systeme weisen unterschiedliche Vor- und Nachteile auf, die in der Natur der Einzelmassenspektrometer liegen. Eine Diskussion dazu findet sich in der zitierten Literatur ([5], S. 105ff.).

Die drei möglichen Kombinationen, MS1 und MS2 zu →scanen sind in Tabelle T1 erläutert.

64   Tandemmassenspektrometrie

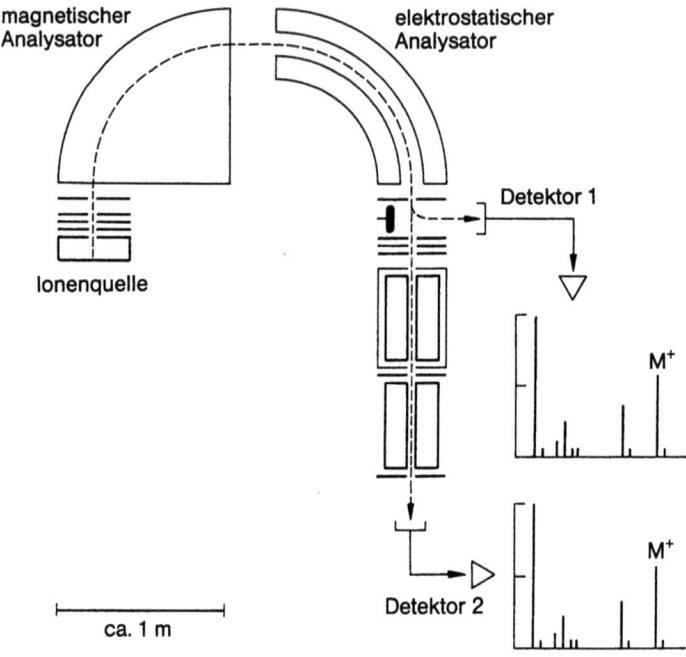

Abb. T3

Tabelle T1. Scan-Arten für Tandemmassenspektrometer

Scan-Art	Beschreibung	Gewonnene Information
Tochter-Scan (Daughter-Scan)	MS1 ist auf ein konstantes Vorläuferion eingestellt; MS2 wird gescant	Massenspektrum der Zerfallsprodukte (Tochterionen) eines Vorläuferions (Elternion)
Eltern-Scan (Parent-Scan)	MS2 ist auf ein konstantes Tochterion eingestellt; MS1 wird gescant	Massenspektrum aller Elternionen, die Vorläufer zum mit MS2 ausgewählten Tochterion Vorläufer sind
Neutral-Verlust-Scan (Neutral-Loss-Scan)	MS1 und MS2 werden synchron mit einer konstanten Massendifferenz Δm gescant; MS2 liegt Δm Masseneinheiten hinter MS1 zurück	Massenspektrum der Vorläuferionen, die einen neutralen Molekülteil Δm abspalten

Literatur
1. R.A.Yost, D.D. Fetterolf: Tandem mass spectrometry (MS/MS) instrumentation. Wiley, New York 1983
2. K.L. Bush, G.K. Glish, S.A. McLuckey: Mass Spectrometry/Mass Spectrometry. VCH Publishers, New York 1988
3. J.V. Johnson, R.A. Yost: Anal. Chem. *57*, 759A (1985)
4. A.E. Schoen, J.W. Amy, R.G. Cooks, P. Dobberstein, G. Jung: Int. Mass Spectrom. Ion Proc. *65*, 125 (1985)
5. J. Watson: Introduction To Mass Spectrometry, 2. Ed. Raven Press, New York 1985

Thermoionisation
beruht auf der Bildung von Ionen unter sehr hohen Temperaturen, namentlich durch „Verdampfen" von Salzen oder salzartigen Verbindungen. Die zu untersuchende Probe wird auf ein bis zur Weißglut heizbares Metallband aufgebracht. Man verwendet als Massenanalysatoren einfachfokussierende magnetische Sektorfeldgeräte oder Quadrupolspektrometer. Die Bedeutung der Methode liegt in der Analyse bestimmter chemischer Elemente bei sehr geringem Substanzverbrauch.

Thermospray
eine für die Kopplung von Flüssigchromatographen an Massenspektrometer (→ Chromatographie) entwickelte → weiche Ionisationsmethode. Das Eluat fließt aus dem Chromatographen in eine auf 150 bis 200 °C geheizte Kapillare, in der das Lösemittel soweit aufgeheizt wird, daß es beim Austritt aus der Kapillare in die Ionenquelle einen nebelartigen Spray bildet (Abb. T4).

Das Eluat muß einen flüchtigen Elektrolyten enthalten (meist Ammoniumacetat), der in Lösung dissoziiert vorliegt:

$$CH_3COONH_4 \xrightarrow{H_2O} CH_3COO^- + NH_4^+$$
$$M + NH_4^+ \longrightarrow [M + NH_4]^+$$
$$M + NH_4^+ \longrightarrow [M + H]^+ + NH_3$$

Die Ionisation erfolgt entweder durch Ausbildung von Addukten aus Probenmolekülen und Elektrolytionen in Lösung und Desolvatisierung der Adduktionen in der Gasphase oder durch getrennte Desolvatisierung von Probenmolekülen und Elektrolytionen und anschließender → Chemischer Ionisation in der Gasphase.

Da diese Art der Ionisation hauptsächlich auf polare Moleküle beschränkt ist, enthalten Thermosprayionenquellen zusätzlich eine

Tochterionen

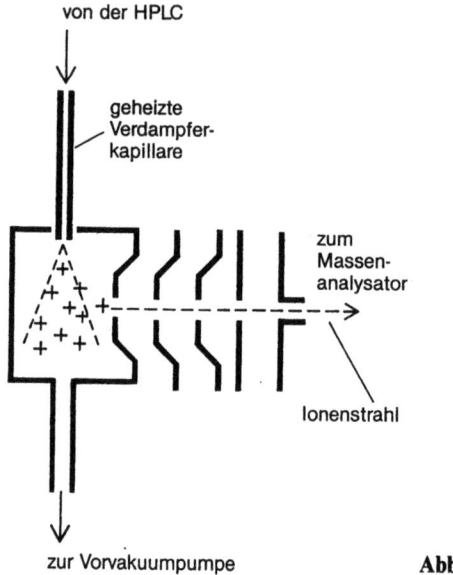

Abb. T4

Entladungselektrode, die eine Ionisation ohne Elektrolytzusatz erlaubt (Townsend-Entladung, „Plasmaspray", „Discharge-Ionisation"). Im elektrischen Feld dieser Elektrode (500 bis 1000 V Gleichspannung) wird das im Überschuß vorliegende Lösemittel ionisiert und führt seinerseits in Ionenmolekülreaktionen (→ Chemische Ionisation) zur Ionisation der Probe. Statt der Entladungselektrode sind auch Thermosprayquellen mit zusätzlichen Glühkathoden realisiert, die auf der Basis von CI-Ionenquellen arbeiten.

Durch die leichte Handhabbarkeit und wegen des geringen mechanischen Aufwands setzt man Thermosprayquellen häufig an Stelle der „Moving Belt"-Kopplung ein.

Literatur
1. C.R. Blakley, M.L. Vestal: Anal. Chem. 55, 750 (1983)

Tochterionen → Tandemmassenspektrometrie

Totalionenstrom → Gesamtionenstrom

Umlagerungen
von ionisierten Probenmolekülen finden sich häufig neben Bindungsbrüchen (→Allylspaltung, →Benzylspaltung), wenn die Umlagerungsprodukte eine höhere Stabilität als das Vorläuferion aufweisen oder entropisch begünstigt sind. Der bedeutendste Umlagerungstyp ist die →McLafferty-Umlagerung. Stehen Umlagerungsreaktionen in Konkurrenz zu direkten Bindungsspaltungen, entscheidet häufig die Aufenthaltszeit der Ionen in der Ionenquelle, welche der beiden Reaktionen im Massenspektrum bevorzugt auftritt. Umlagerungsreaktionen besitzen meist große Zeitkonstanten und können daher durch Verkürzen der Aufenthaltszeit der Ionen in der Ionenquelle unterdrückt oder reduziert werden.

Literatur
1. H. Budzikiewicz: Massenspektrometrie, 2. Aufl. Verlag Chemie, Weinheim 1980

Vakuum
Massenspektrometer betreibt man aus zwei Gründen unter Vakuum. Einserseits werden die Ionenstrahlen an Gas gestreut, was die Funktion der verwendeten →Analysatoren stark beeinträchtigt. Andererseits würden die Stickstoff- und Sauerstoffionen aus der Luft jedes andere Signal in einem Massenspektrum überlagern und dadurch die →Empfindlichkeit des Massenspektrometers enorm senken. Daher erhält man außerhalb der eigentlichen Ionenquelle ein Vakuum mit Gasdrücken kleiner als 10^{-4} Pa (10^{-6} mbar) aufrecht. Typische Drücke im Ionisierungsraum unter verschiedenen Ionisierungstechniken sind in Tabelle V1 zusammengestellt.

Tabelle V1. Gasdrücke in Ionenquellen

	mbar	Pa
Chemische Ionisation	$0,1-1,5$	$10-150$
SIMS/FAB	$1 \cdot 10^{-5} \ldots 2 \cdot 10^{-5}$	$1 \cdot 10^{-3} \ldots 5 \cdot 10^{-3}$
Continuous flow FAB	$2 \cdot 10^{-4} \ldots 5 \cdot 10^{-4}$	$2 \cdot 10^{-2} \ldots 5 \cdot 10^{-2}$
Elektronenstoßionisation	$< 10^{-6}$	$< 10^{-4}$
Felddesorption/Feldionisation	$< 10^{-6}$	$< 10^{-4}$
Thermoionisation	$< 10^{-6}$	$< 10^{-4}$
Thermospray	$2-15$	$200-1500$

Weiche Ionisationsmethoden

Unter weichen Ionisationsmethoden faßt man die Ionisationsprozesse, die im Unterschied zur →Elektronenstoßionisation in der Regel hohe Ionenausbeuten im Molekülionenbereich, sogenannte →Quasimolekülionen zeigen. Fragmentionen treten nicht oder nur in geringem Maße auf. Als weiche Ionisationsmethoden bezeichnet man die →chemische Ionisation (CI), die →direkte chemische Ionisation (DCI), das →Fast Atom Bombardment (FAB), die →Feldionisation (FI) und das →Thermospray (TSP).

Literatur
1. H. Budzikiewicz: Massenspektroskopie organischer Verbindungen-Ionisierungsverfahren. In: R. Bock, Analytiker-Taschenbuch, Bd. 3. Springer, Berlin Heidelberg 1983

Tabelle 1. Atom- und Nuklidmassen, relative Häufigkeit der Isotope (nach 1. Element by element review of their atomic weights. IUPAC 1984; 2. Atomic weights of the elements 1985. IUPAC 1986)

Ordnungs-zahl	Element	Symbol	Atommasse	Massenzahl des Isotops	Nuklidmasse	Relative Häufigkeit in %
1	Wasserstoff	H	1,00794	1	1,007825037	99,985
				2	2,014101787	0,015
2	Helium	He	4,002602	3	3,016029297	0,000138
				4	4,00260325	99,999862
3	Lithium	Li	6,941	6	6,0151232	7,5
				7	7,0130045	92,5
4	Beryllium	Be	9,012182	9	9,0121825	100
5	Bor	B	10,811	10	10,012938	19,9
				11	11,0093053	80,1
6	Kohlenstoff	C	12,011	12	12	98,9
				13	13,003354839	1,1
7	Stickstoff	N	14,00674	14	14,003074008	99,634
				15	15,000108978	0,366
8	Sauerstoff	O	15,9994	16	15,99491464	99,762
				17	16,9991306	0,038
				18	17,99915939	0,2
9	Fluor	F	18,9984032	19	18,99840325	100
10	Neon	Ne	20,1797	20	19,9924391	90,51
				21	20,9938453	0,27
				22	21,9913837	9,22
11	Natrium	Na	22,989768	23	22,9897697	100

Tabelle 1 (Fortsetzung)

Ordnungszahl	Element	Symbol	Atommasse	Massenzahl des Isotops	Nuklidmasse	Relative Häufigkeit in %
12	Magnesium	Mg	24,305	24	23,985045	78,99
				25	24,9858392	10
				26	25,9825954	11,01
13	Aluminium	Al	26,981539	27	26,9815413	100
14	Silicium	Si	28,0855	28	27,9769284	92,23
				29	28,9764964	4,67
				30	29,9737717	3,1
15	Phosphor	P	30,973762	31	30,9737634	100
16	Schwefel	S	32,066	32	31,9720718	95,02
				33	32,9714591	0,75
				34	33,96786774	4,21
				36	35,967079	0,02
17	Chlor	Cl	35,4527	35	34,9688527729	75,77
				37	36,965902624	24,23
18	Argon	Ar	39,948	36	35,967545605	0,337
				38	37,9627322	0,063
				40	39,9623831	99,6
19	Kalium	K	39,0983	39	38,9637079	93,2581
				40	39,9639988	0,0117
				41	40,9618254	6,7302

Tabelle 1 (Fortsetzung)

Ordnungszahl	Element	Symbol	Atommasse	Massenzahl des Isotops	Nuklidmasse	Relative Häufigkeit in %
20	Calcium	Ca	40,078	40	39,9625907	96,941
				42	41,9586218	0,647
				43	42,9587704	0,135
				44	43,9554848	2,086
				46	45,953689	0,004
				48	47,952532	0,187
21	Scandium	Sc	44,95591	45	44,9559136	100
22	Titan	Ti	47,88	46	45,9526327	8
				47	46,9517649	7,3
				48	47,9479467	73,8
				49	48,9478705	5,5
				50	49,9447858	5,4
23	Vanadium	V	50,9415	50	49,9471613	0,25
				51	50,9439625	99,75
24	Chrom	Cr	51,9961	50	49,9460463	4,345
				52	51,9405097	83,789
				53	52,940651	9,501
				54	53,9388822	2,365
25	Mangan	Mn	54,93805	55	54,9380463	100
26	Eisen	Fe	55,847	54	53,9396121	5,8
				56	55,9349393	91,72
				57	56,9353957	2,2
				58	57,9332778	0,28

Tabelle 1 (Fortsetzung)

Ordnungs-zahl	Element	Symbol	Atommasse	Massenzahl des Isotops	Nuklidmasse	Relative Häufigkeit in %
27	Cobalt	Co	58,9332	59	58,9331978	100
28	Nickel	Ni	58,69	58	57,9353471	68,27
				60	59,930789	26,1
				61	60,9310586	1,13
				62	61,9283464	3,59
				64	63,927968	0,91
29	Kupfer	Cu	63,546	63	62,9295992	69,17
				65	64,9277924	30,83
30	Zink	Zn	65,39	64	63,9291454	48,6
				66	65,9260352	27,9
				67	66,9271289	4,1
				68	67,9248458	18,8
				70	69,9253249	0,6
31	Gallium	Ga	69,723	69	68,9255809	60,1
				71	70,9247006	39,9
32	Germanium	Ge	72,61	70	69,9242498	20,5
				72	71,92208	27,4
				73	72,9234639	7,8
				74	73,9211788	36,5
				76	75,9214027	7,8

Tabelle 1 (Fortsetzung)

Ordnungszahl	Element	Symbol	Atommasse	Massenzahl des Isotops	Nuklidmasse	Relative Häufigkeit in %
33	Arsen	As	74,92159	75	74,9215955	100
34	Selen	Se	78,96	74	73,9224771	0,9
				76	75,9192066	9
				77	76,9199077	7,6
				78	77,917304	23,6
				80	79,9165205	49,7
				82	81,916709	9,2
35	Brom	Br	79,904	79	78,9183361	50,69
				81	80,91629	49,31
36	Krypton	Kr	83,8	78	77,920397	0,35
				80	79,916375	2,25
				82	81,913483	11,6
				83	82,914134	11,5
				84	83,9115064	57
				86	85,910614	17,3
37	Rubidium	Rb	85,4678	85	84,917996	72,165
				87	86,9091836	27,835
38	Strontium	Sr	87,62	84	83,913428	0,56
				86	85,9092732	9,86
				87	86,9088902	7
				88	87,9056249	82,58
39	Yttrium	Y	88,90585	89	88,905856	100

Tabelle 1 (Fortsetzung)

Ordnungs-zahl	Element	Symbol	Atommasse	Massenzahl des Isotops	Nuklidmasse	Relative Häufigkeit in %
40	Zirconium	Zr	91,224	90	89,904708	51,45
				91	90,9056442	11,22
				92	91,9050392	17,15
				94	93,9063191	17,38
				96	95,908272	2,8
41	Niob	Nb	92,90638	93	92,906378	100
42	Molybdän	Mo	95,94	92	91,906809	14,84
				94	93,9050862	9,25
				95	94,9058379	15,92
				96	95,9046755	16,68
				97	96,9060179	9,55
				98	97,905405	24,13
				100	99,907473	9,63
43	Technetium	Tc		97	96,9064	0
				98	97,9072	0
				99	98,9063	0
44	Ruthenium	Ru	101,07	96	95,907596	5,52
				98	97,905287	1,88
				99	98,9059371	12,7
				100	99,9042175	12,6
				101	100,9055808	17
				102	101,9043475	31,6
				104	103,905422	18,7
45	Rhodium	Rh	102,9055	103	102,905503	100

Tabelle 1 (Fortsetzung)

Ordnungs-zahl	Element	Symbol	Atommasse	Massenzahl des Isotops	Nuklidmasse	Relative Häufigkeit in %
46	Palladium	Pd	106,42	102	101,905609	1,02
				104	103,904026	11,14
				105	104,905075	22,33
				106	105,903475	27,33
				108	107,903894	26,46
				110	109,905169	11,72
47	Silber	Ag	107,8682	107	106,905095	51,839
				109	108,904754	48,161
48	Cadmium	Cd	112,411	106	105,906461	1,25
				108	107,904186	0,89
				110	109,903007	12,49
				111	110,904182	12,8
				112	111,9027614	24,13
				113	112,9044013	12,22
				114	113,9033607	28,73
				116	115,904758	7,49
49	Indium	In	114,82	113	112,904056	4,3
				115	114,903875	95,7

Tabelle 1 75

Tabelle 1 (Fortsetzung)

Ordnungs-zahl	Element	Symbol	Atommasse	Massenzahl des Isotops	Nuklidmasse	Relative Häufigkeit in %
50	Zinn	Sn	118,71	112	111,904823	0,97
				114	113,902781	0,65
				115	114,9033441	0,36
				116	115,9017435	14,53
				117	116,9029536	7,68
				118	117,9016066	24,22
				119	118,9033102	8,58
				120	119,902199	32,59
				122	121,90344	4,63
				124	123,905271	5,79
51	Antimon	Sb	121,75	121	120,9038237	57,3
				123	122,904222	42,7
52	Tellur	Te	127,6	120	119,904021	0,096
				122	121,903055	2,6
				123	122,904278	0,908
				124	123,902825	4,816
				125	124,904435	7,14
				126	125,90331	18,95
				128	127,904464	31,69
				130	129,906229	33,8
53	Iod	I	126,90447	127	126,904477	100

Tabelle 1 (Fortsetzung)

Ordnungs-zahl	Element	Symbol	Atommasse	Massenzahl des Isotops	Nuklidmasse	Relative Häufigkeit in %
54	Xenon	Xe	131,29	124	123,90612	0,1
				126	125,904281	0,09
				128	127,9035308	1,91
				129	128,9047801	26,4
				130	129,9035095	4,1
				131	130,905076	21,2
				132	131,904148	26,9
				134	133,905395	10,4
				136	135,907219	8,9
55	Cäsium	Cs	132,90543	133	132,905433	100
56	Barium	Ba	137,327	130	129,906277	0,106
				132	131,905042	0,101
				134	133,90449	2,417
				135	134,905668	6,592
				136	135,904556	7,854
				137	136,905816	11,23
				138	137,905236	71,7
57	Lanthan	La	138,9055	138	137,907114	0,09
				139	138,906355	99,91
58	Cer	Ce	140,115	136	135,90714	0,19
				138	137,905996	0,25
				140	139,905442	88,48
				142	141,909249	11,08
59	Praseodym	Pr	140,90765	141	140,907657	100

Tabelle 1 (Fortsetzung)

Ordnungs-zahl	Element	Symbol	Atommasse	Massenzahl des Isotops	Nuklidmasse	Relative Häufigkeit in %
60	Neodym	Nd	144,24	142	141,907731	27,13
				143	142,909823	12,18
				144	143,910096	23,8
				145	144,912582	8,3
				146	145,913126	17,19
				148	147,916901	5,76
				150	149,9209	5,64
61	Promethium	Pm	*	145	144,9127	0
				147	146,9151	0
62	Samarium	Sm	150,36	144	143,912009	3,1
				147	146,914907	15
				148	147,914832	11,3
				149	148,917193	13,8
				150	149,917285	7,4
				152	151,919741	26,7
				154	153,922218	22,7
63	Europium	Eu	151,965	151	150,91986	47,8
				153	152,921243	52,2

Tabelle 1 (Fortsetzung)

Ordnungszahl	Element	Symbol	Atommasse	Massenzahl des Isotops	Nuklidmasse	Relative Häufigkeit in %
64	Gadolinium	Gd	157,25	152	151,919803	0,2
				16	15,920876	2,18
				155	154,922629	14,8
				156	155,92213	20,47
				157	156,923967	15,65
				158	157,924111	24,84
				160	159,927061	21,86
65	Terbium	Tb	158,92534	159	158,92535	100
66	Dysprosium	Dy	162,5	156	155,924287	0,06
				158	157,924412	0,1
				160	159,925203	2,34
				161	160,926939	18,9
				162	161,926805	25,5
				163	162,928737	24,9
				164	163,929183	28,2
67	Holmium	Ho	164,93032	165	164,930332	100
68	Erbium	Er	167,26	162	161,928787	0,14
				164	163,929211	1,61
				166	165,930305	33,6
				167	166,932061	22,95
				168	167,932383	26,8
				170	169,935476	14,9
69	Thulium	Tm	169,93421	170	169,934225	100

Tabelle 1 (Fortsetzung)

Ordnungs-zahl	Element	Symbol	Atommasse	Massenzahl des Isotops	Nuklidmasse	Relative Häufigkeit in %
70	Ytterbium	Yb	173,04	168	167,933908	0,13
				170	169,934774	3,05
				171	170,936338	14,3
				172	171,936393	21,9
				173	172,938222	16,12
				174	173,938873	31,8
				176	175,942576	12,7
71	Lutetium	Lu	174,967	175	174,940785	97,41
				176	175,942694	2,59
72	Hafnium	Hf	178,49	174	173,940065	0,162
				176	175,94142	5,206
				177	176,943233	18,606
				178	177,94371	27,297
				179	178,945827	13,629
				180	179,946561	35,1
73	Tantal	Ta	180,9479	180	179,947489	0,012
				181	180,948014	99,988
74	Wolfram	W	183,85	180	179,946727	0,13
				182	181,948225	26,3
				183	182,950245	14,3
				184	183,950953	30,67
				186	185,954377	28,6

Tabelle 1 (Fortsetzung)

Ordnungszahl	Element	Symbol	Atommasse	Massenzahl des Isotops	Nuklidmasse	Relative Häufigkeit in %
75	Rhenium	Re	186,207	185	184,952977	37,4
				187	186,955765	62,6
76	Osmium	Os	190,2	184	183,952514	0,02
				186	185,953852	1,58
				187	186,955762	1,6
				188	187,95585	13,3
				189	188,958156	16,1
				190	189,958455	26,4
				192	191,961487	41
77	Iridium	Ir	192,22	191	190,960603	37,3
				193	192,962942	62,7
78	Platin	Pt	195,08	190	189,959937	0,01
				192	191,961049	0,79
				194	193,962679	32,9
				195	194,964785	33,8
				196	195,964947	25,3
				198	197,967879	7,2
79	Gold	Au	196,96654	197	196,96656	100

Tabelle 1 (Fortsetzung)

Ordnungszahl	Element	Symbol	Atommasse	Massenzahl des Isotops	Nuklidmasse	Relative Häufigkeit in %
80	Quecksilber	Hg	200,59	196	195,965812	0,14
				198	197,96676	10,02
				199	198,968269	16,84
				200	199,968316	23,13
				201	200,970293	13,22
				202	201,970632	29,8
				204	203,973481	6,85
81	Thallium	Tl	204,3833	203	202,972336	29,524
				205	204,97441	70,476
82	Blei	Pb	207,2	202	202	0
				204	203,973037	1,4
				205	205	0
				206	205,974455	24,1
				207	206,975885	22,1
				208	207,976641	52,4
83	Bismuth	Bi	208,98037	209	208,980388	100
84	Polonium	Po	*	209	208,9824	0
				210	209,9828	0
85	Astatin	At	*	210	209,9871	0
				211	210,9875	0
86	Radon	Rn	*	211	210,9906	0
				220	220,0114	0
				222	222,0176	0

Tabelle 1 (Fortsetzung)

Ordnungs-zahl	Element	Symbol	Atommasse	Massenzahl des Isotops	Nuklidmasse	Relative Häufigkeit in %
87	Francium	Fr	*	223	223,0197	0
88	Radium	Ra	*	223	223,0185	0
				224	224,0202	0
				228	228,0311	0
89	Actinium	Ac	*	227	227,0278	0
90	Thor	Th	232,0381	230	230,0331	0
				232	232,038053805	100
91	Protactinium	Pa	231,03588	231	231,0359	0
92	Uran	U	238,0289	233	233,0396	0
				234	234,0409474	0,0055
				235	235,043925247	0,72
				236	236,0456	0
				238	238,050785782	99,2745
93	Neptunium	Np	*	237	237,0482	0
				239	239,0529	0
94	Plutonium	Pu	*	238	238,0496	0
				239	239,0522	0
				240	240,0538	0
				241	241,0568	0
				242	242	0
				244	244,0642	0
95	Americium	Am	*	241	241,0568	0
				243	243,0614	0

Tabelle 1 (Fortsetzung)

Ordnungs-zahl	Element	Symbol	Atommasse	Massenzahl des Isotops	Nuklidmasse	Relative Häufigkeit in %
96	Curium	Cm	*	243	243,0614	0
				244	244,0627	0
				245	245,0655	0
				246	246,0672	0
				247	247,0703	0
				248	248,0723	0
97	Berkelium	Bk	*	247	247,0703	0
				249	249,075	0
98	Californium	Cf	*	249	249,0748	0
				250	250,0764	0
				251	251,0796	0
				242	242,0587	0
				252	252,0816	0
99	Einsteinium	Es	*	252	252,083	0
100	Fermium	Fm	*	257	257,0951	0
101	Mendelevium	Md	*	256	256,094	0
102	Nobelium	No	*	259	259,1009	0
103	Lawrencium	Lr	*	260	260,105	0
104	Unnilquadium		*	261	261,11	0
105	Unnilpentium		*	262	262,114	0
106	Unnilhexium		*	263	263,118	0
107	Unnilseptium		*	262	262,12	0

* Kein stabiles Isotop

Tabelle 2. Massenkorrelationstabelle, s. S. 86–95.
(Zu beachten ist: In den Summenformeln der zweiten Spalte kann, soweit dies chemisch sinnvoll ist, CH_2 durch N, CH_4 durch O, CH_3O durch P und O_2 durch S ersetzt werden.) Aus: Anleitungen für die chemische Laboratoriumspraxis, Band XV; Pretsch et al.: Strukturaufklärung organischer Verbindungen, 3. Aufl. Springer 1990

Tabelle 2

Masse	Ion	Produkt-Ion und Zusammensetzung des abgespaltenen Neutralteils. $M^{+\cdot}$ = Molekülion	Strukturelement oder Verbindungsklasse
12	$C^{+\cdot}$		
13	CH^+		
14	$CH_2^{+\cdot}, N^+, N_2^{++}, CO^{++}$		
15	CH_3^+	$M^{+\cdot} -15$ (CH_3)	unspezifisch; intensiv: Methyl, N-Aethylamine
16	$O^{+\cdot}, NH_2^+, O_2^{++}$	$M^{+\cdot} -16$ (CH_4) (O)	Methyl (selten) Nitroverbindungen, Sulfone, Epoxide, N-Oxide
17	$OH^+, NH_3^{+\cdot}$	(NH_2) $M^{+\cdot} -17$ (OH)	primäre Amine Säuren (besonders aromatische), Hydroxylamine, N-Oxide, Nitroverbindungen, Sulfoxide, tertiäre Alkohole
18	$H_2O^{+\cdot}, NH_4^+$	(NH_3) $M^{+\cdot} -18$ (H_2O)	primäre Amine unspezifisch O-Indikator intensiv: Alkohole, manche Säuren, Aldehyde, Ketone, Lactone, cyclische Aether
19	H_3O^+, F^+	$M^{+\cdot} -19$ (F)	Fluoride F-Indikator
20	$HF^{+\cdot}, Ar^{++}, CH_2CN^{++}$	$M^{+\cdot} -20$ (HF)	Fluoride

Tabelle 2

21	$C_2H_2O^{++}$			
22	CO_2^{++}			
23	Na^+			
24	C_2^+			
25	C_2H^+	$M^+ -25$	(C_2H)	terminales Acetylenyl
26	$C_2H_2^+, CN^+$	$M^+ -26$	(C_2H_2)	Aromaten
			(CN)	Nitrile
27	$C_2H_3^+, HCN^+$	$M^+ -27$	(C_2H_3)	terminales Vinyl, manche Aethylester und N-Aethylamide, Aethylphosphate
			(HCN)	aromatisch gebundener N, Nitrile
28	$C_2H_4^+, CO^+, N_2^+, HCNH^+$	$M^+ -28$	(C_2H_4)	unspezifisch; intensiv: Cyclohexene, Aethylester, Propylketone, Propylaromaten
			(CO)	aromatisch gebundener O, Chinone, Lactone, Lactame, ungesättigte cyclische Ketone, Allylaldehyde
			(N_2)	Diazoverbindungen
29	$C_2H_5^+, CHO^+$	$M^+ -29$	(C_2H_5)	unspezifisch; intensiv: Aethyl
			(CHO)	Phenole, Furane, Aldehyde
30	$CH_2O^+, CH_2NH_2^+, NO^+, C_2H_6^+$	$M^+ -30$	(C_2H_6)	Aethylalkane, Polymethylverbindungen
			(CH_2O)	cyclische Aether, Lactone, primäre Alkohole
	$BF^+, N_2H_2^+$		(NO)	Nitro- und Nitrosoverbindungen
	N-Indikator			
31	$CH_3O^+, CH_3NH_2^+, CF^+, N_2H_3^+$	$M^+ -31$	(CH_3O)	Methylester, Methyläther, primäre Alkohole
	O-Indikator		(CH_3NH_2)	N-Methylamine

Tabelle 2

Masse	Ion	Produkt-Ion und Zusammensetzung des abgespaltenen Neutralteils. $M^{+\cdot}$ = Molekülion		Strukturelement oder Verbindungsklasse
32	$O_2^{+\cdot}$, $CH_3OH^{+\cdot}$, $S^{+\cdot}$, $N_2H_4^{+\cdot}$ <u>O-Indikator</u>	$M^{+\cdot}$ -32	(N_2H_3) (CH_3OH) (S) (O_2)	Hydrazide Methylester, Methyläther Sulfide cyclische Peroxide
33	$CH_3OH_2^+$, SH^+, CH_2F^+	$M^{+\cdot}$ -33	(CH_3+H_2O) (SH) (CH_2F)	unspezifisch <u>O-Indikator</u> unspezifisch <u>S-Indikator</u> Fluormethyl
34	$SH_2^{+\cdot}$ <u>S-Indikator</u>	$M^{+\cdot}$ -34	(SH_2) $(OH+OH)$	unspezifisch <u>S-Indikator</u> Nitroverbindungen
35	SH_3^+, Cl^+	$M^{+\cdot}$ -35	(Cl) $(OH+H_2O)$	Chloride Nitroverbindungen 2 x <u>O-Indikator</u>
36	$HCl^{+\cdot}$, C_3^+	$M^{+\cdot}$ -36	(HCl) (H_2O+H_2O)	Chloride 2 x <u>O-Indikator</u>
37	C_3H^+			
38	$C_3H_2^{+\cdot}$			
39	$C_3H_3^+$	$M^{+\cdot}$ -39	(C_3H_3)	Aromaten
40	$C_3H_4^+$, CH_2CN^+, $Ar^{+\cdot}$	$M^{+\cdot}$ -40	(CH_2CN)	Cyanmethyl
41	$C_3H_5^+$, $CH_3CN^{+\cdot}$	$M^{+\cdot}$ -41	(C_3H_5) (CH_3CN)	Alicyclen (besonders polycyclische), Alkene 2-Methyl-N-Aromaten, N-Methylaniline

Tabelle 2

42	$C_3H_6^+$, $C_2H_2O^+$, CON^+, $C_2H_4N^+$	$M^+ -42$ (C_3H_6)	unspezifisch; intensiv: Propylester, Butylketone, Butylaromaten, Methyl-cyclohexene
		(C_2H_2O)	Acetate (besonders Enolacetate), Acetamide, Cyclohexenone, αβ-ungesättigte Ketone
43	$C_3H_7^+$, $C_2H_3O^+$, $CONH_2^+$	$M^+ -43$ (C_3H_7)	unspezifisch; intensiv: Propyl, Cycloalkane, Cycloalkanone, Cycloalkylamine, Cycloalkanole, Butylaromaten
		(CH_3CO)	Methylketone, Acetate, aromatische Methyläther
44	CO_2^+, $C_2H_6N^+$, $C_2H_4O^+$, $C_3H_8^+$	$M^+ -44$ (C_3H_8)	Propylalkane
	CH_4Si^+	(C_2H_6N)	N,N-Dimethylamine, N-Aethylamine
		(C_2H_4O)	Cycloalkanole, cyclische Aether, Aethylenketale
		(CO_2)	Anhydride, Lactone, Carbonsäuren
45	$C_2H_5O^+$, CHS^+, $C_2H_7N^+$	$M^+ -45$ (C_2H_5O)	Aethylester, Aethyläther, Lactone, Aethylsulfonate, Aethylsulfone
	O-Indikator, S-Indikator	(CHO_2)	Carbonsäuren
		(C_2H_7N)	N,N-Dimethylamine, N-Aethylamine
46	$C_2H_5OH^+$, NO_2^+	$M^+ -46$ (C_2H_6O)	Aethylester, Aethyläther, Aethylsulfonate
		($H_2O+C_2H_4$)	primäre Alkohole
		(H_2O+CO)	Carbonsäuren
		(NO_2)	Nitroverbindungen
47	CH_3S^+, CCl^+, $C_2H_5OH_2^+$, $CH(OH)_2^+$,	$M^+ -47$ (CH_3S)	Methylsulfide
	PO^+		
	S-Indikator, 2 × O-Indikator,	(HNO_2)	Nitroverbindungen
	P-Indikator		

Tabelle 2

Masse	Ion	Produkt-Ion und Zusammensetzung des abgespaltenen Neutralteils. M⁺· = Molekülion		Strukturelement oder Verbindungsklasse
48	CH_3SH^+, $CHCl^+$·, SO^+·	M^+· -48	(CH_4S)	Methylsulfide
			(SO)	Sulfoxide, Sulfone, Sulfonate
49	CH_2Cl^+, $CH_3SH_2^+$	M^+· -49	(CH_2Cl)	Chlormethyl
50	$C_4H_2^+$·, CH_3Cl^+·, CF_2^+·	M^+· -50	(CF_2)	Trifluormethylaromaten, perfluorierte Alicyclen
51	$C_4H_3^+$, CHF_2^+			
52	$C_4H_4^+$·			
53	$C_4H_5^+$			
54	$C_4H_6^+$·, $C_2H_4CN^+$	M^+· -54	(C_4H_6)	Cyclohexene
			(C_2H_4CN)	Cyanäthyl
55	$C_4H_7^+$, $C_3H_3O^+$	M^+· -55	(C_4H_7)	unspezifisch; intensiv: Cycloalkane, Butylester, N-Butylamide
56	$C_4H_8^+$·, $C_3H_4O^+$·	M^+· -56	(C_4H_8)	Butylester, N-Butylamide, Pentylketone, Cyclohexene, Tetraline, Pentylaromaten
			(C_3H_4O)	Methylcyclohexenone, β-Tetralone
57	$C_4H_9^+$, $C_3H_5O^+$, $C_3H_2F^+$	M^+· -57	(C_4H_9)	unspezifisch
			(C_3H_5O)	Aethylketone
58	$C_3H_6O^+$·, $C_3H_8N^+$ N-Indikator, O-Indikator	M^+· -58	(C_4H_{10})	Alkane
			(C_3H_6O)	α-Methylalkanale, Methylketone, Isopropylidenglykole
59	$C_3H_7O^+$, $C_2H_5NO^+$· O-Indikator	M^+· -59	(C_3H_7O)	Propylester, Propyläther
			($C_2H_3O_2$)	Methylester

Tabelle 2

60	$C_2H_4O_2^{+\cdot}, CH_2NO_2^+, C_2H_6NO^+$ O-Indikator	$M^{+\cdot} -60$	(C_3H_9N) (C_3H_8O) $(C_2H_4O_2)$ (CH_3OH+CO)	Amine, Amide Propylester, Propyläther Acetate Methylester
61	$C_2H_5O_2^+, C_2H_5S^+$ S-Indikator, 2 x O-Indikator	$M^{+\cdot} -61$	$(C_2H_5O_2)$ (C_2H_5S)	Glykole, Aethylenketale Aethylsulfide
62	$C_2H_6O_2^{+\cdot}, C_2H_3Cl^{+\cdot}$	$M^{+\cdot} -62$	$(C_2H_6O_2)$ (C_2H_6S) (C_2H_4Cl) $(Cl+CO)$	Methoxymethyläther, Aethylenglykole, Aethylenketale Aethylsulfide Chloräthyl Säurechloride
63	$C_5H_3^+, C_2H_4Cl^+, COCl^+$	$M^{+\cdot} -63$		
64	$C_5H_4^{+\cdot}, SO_2^{+\cdot}, S_2^{+\cdot}$	$M^{+\cdot} -64$	(SO_2) (S_2)	Sulfone, Sulfonate Disulfide
65	$C_5H_5^+, H_2PO_2^+$	$M^{+\cdot} -65$	(S_2H)	Disulfide
66	$C_5H_6^{+\cdot}$	$M^{+\cdot} -66$	(C_5H_6)	Cyclopentene
67	$C_5H_7^+, C_4H_3O^+$	$M^{+\cdot} -67$	(C_4H_3O)	Furylketone
68	$C_5H_8^{+\cdot}, C_4H_4O^+, C_3H_6CN^+$	$M^{+\cdot} -68$	(C_5H_8) (C_4H_4O)	Cyclohexene, Tetraline Cyclohexenone, β-Tetralone
69	$C_5H_9^+, C_4H_5O^+, C_3HO_2^+, CF_3^+$	$M^{+\cdot} -69$	(C_5H_9) (CF_3)	Alicyclen, Alkene Trifluormethyl
70	$C_5H_{10}^{+\cdot}$ $C_4H_6O^{+\cdot}$ $C_4H_8N^+$			Alkane, Alkene, Cycloalkane Cycloalkanone Pyrrolidine
71	$C_5H_{11}^+$ $C_4H_7O^+$			Alkane, grössere Alkylreste Alkanone, Alkanale, Tetrahydrofurane

Tabelle 2

Masse	Ion	Verbindungsklasse	
72	$C_4H_8O^{+\cdot}$	Alkanone, Alkanale	<u>O-Indikator</u>
	$C_4H_{10}N^+$	aliphatische Amine	<u>N-Indikator</u>
	C_6^+	perhalogenierte Benzole	
73	$C_4H_9O^+$	Alkohole, Aether, Ester	<u>O-Indikator</u>
	$C_3H_5O_2^+$	Säuren, Ester, Lactone	
	$C_3H_9Si^+$	Trimethylsilylverbindungen	
74	$C_4H_{10}O^{+\cdot}$	Aether	
	$C_3H_6O_2^{+\cdot}$	Carbonsäuremethylester, α-Methylcarbonsäuren	
75	$C_3H_7O_2^+$	Methylacetale, Glykole	<u>2 x O-Indikator</u>
	$C_3H_7S^+$	Sulfide, Thiole	<u>S-Indikator</u>
	$C_2H_7SiO^+$	Trimethylsiloxylverbindungen	
76	$C_6H_4^{+\cdot}$	Aromaten	
77	$C_6H_5^+$	Aromaten	
	$C_3H_6Cl^+$	Chloride	
78	$C_6H_6^{+\cdot}$	Aromaten	
	$C_5H_4N^+$	Pyridine	
	$C_3H_7Cl^{+\cdot}$	Chloride	
79	$C_6H_7^+$	Aromaten mit H-tragenden Substituenten	
	$C_5H_5N^{+\cdot}$	Pyridine, Pyrrole	
	Br^+	Bromide	
80	$C_6H_8^{+\cdot}$	Cyclohexene, polycyclische Alicyclen	
	$C_5H_4O^{+\cdot}$	Cyclopentenone	
	$HBr^{+\cdot}$	Bromide	
	$C_5H_6N^+$	Pyrrole, Pyridine	
81	$C_6H_9^+$	Cyclohexane, Cyclohexenyle, Diene	
	$C_5H_5O^+$	Furane, Pyrane	
82	$C_6H_{10}^{+\cdot}$	Cyclohexane	
	$C_5H_6O^{+\cdot}$	Cyclopentenone, Dihydropyrane	
	$C_5H_8N^+$	Tetrahydropyridine	
	$C_4H_6N_2^{+\cdot}$	Pyrazole, Imidazole	

Tabelle 2   93

Masse	Ion	Verbindungsklasse	
83	$C_6H_{11}^+$	Alkene, Cycloalkane, monosubstituierte Alkane	
	$C_5H_7O^+$	Cycloalkanone	
84	$C_5H_{10}N^+$	Piperidine, N-Methylpyrrolidine	
85	$C_6H_{13}^+$	Alkane	
	$C_5H_9O^+$	Alkanone, Alkanale, Tetrahydropyrane, Fettsäurederivate	
86	$C_5H_{10}O^{+\cdot}$	Alkanone, Alkanale	
	$C_5H_{12}N^+$	aliphatische Amine	N-Indikator
87	$C_5H_{11}O^+$	Alkohole, Aether, Ester	O-Indikator
	$C_4H_7O_2^+$	Ester, Säuren	
88	$C_4H_8O_2^{+\cdot}$	Fettsäureäthylester, α-Methyl-methylester, α-C_2-Carbonsäuren	
89	$C_4H_9O_2^+$	Diole, Glykoläther	2 x O-Indikator
	$C_4H_9S^+$	Sulfide	
90	$C_7H_6^{+\cdot}$	disubstituierte Aromaten	
91	$C_7H_7^+$	Aromaten	
	$C_4H_8Cl^+$	Alkylchloride	
92	$C_7H_8^{+\cdot}$	Alkylbenzole	
	$C_6H_6N^+$	Alkylpyridine	
93	$C_6H_5O^+$	Phenole, Phenolderivate	
	$C_6H_7N^{+\cdot}$	Aniline	
	CH_2Br^+	Bromide	
94	$C_6H_6O^{+\cdot}$	Phenolester, Phenoläther	
	$C_5H_4NO^+$	Pyrrylketone, Pyridonderivate	
95	$C_5H_3O_2^+$	Furylketone	
96	$C_7H_{12}^{+\cdot}$	Alicyclen	
97	$C_7H_{13}^+$	Cyclohexane, Alkene	
	$C_6H_9O^+$	Cycloalkanone	
	$C_5H_5S^+$	Alkylthiophene	
98	$C_6H_{12}N^+$	N-Alkylpiperidine	

Tabelle 2

Masse	Ion	Verbindungsklasse
99	$C_7H_{15}^+$	Alkane
	$C_6H_{11}O^+$	Alkanone
	$C_5H_7O_2^+$	Aethylenketale
	$H_4PO_4^+$	Alkylphosphate
104	$C_8H_8^{+\cdot}$	Tetralinderivate, Phenyläthylderivate
	$C_7H_4O^{+\cdot}$	disubstituierte α-Ketobenzole
105	$C_8H_9^+$	Alkylaromaten
	$C_7H_5O^+$	Benzoylderivate
	$C_6H_5N_2^+$	Diazophenylderivate
111	$C_5H_3OS^+$	Thiophenoylderivate
115	$C_9H_7^+$	Aromaten
	$C_6H_{11}O_2^+$	Ester
	$C_5H_7O_3^+$	Diester
119	$C_9H_{11}^+$	Alkylaromaten
	$C_8H_7O^+$	Tolylketone
	$C_2F_5^+$	Perfluoräthylderivate
	$C_7H_5NO^{+\cdot}$	Phenylcarbamate
120	$C_7H_4O_2^+$	γ-Benzpyrone, Salicylsäurederivate
	$C_8H_{10}N^+$	Pyridine, Aniline
121	$C_8H_9O^+$	Hydroxybenzolderivate
	$C_7H_5O_2^+$	
127	$C_{10}H_7^+$	Naphthaline
	$C_6H_7O_3^+$	ungesättigte Diester
	$C_6H_6NCl^{+\cdot}$	chlorierte N-Aromaten
	I^+	Jodide
128	$C_{10}H_8^{+\cdot}$	Naphthaline
	$C_6H_5OCl^{+\cdot}$	chlorierte Hydroxybenzolderivate
	$HI^{+\cdot}$	Jodide
130	$C_9H_8N^+$	Chinoline, Indole
	$C_9H_6O^{+\cdot}$	Naphthochinone

Tabelle 2

Masse	Ion	Verbindungsklasse
131	$C_{10}H_{11}^+$	Tetraline
	$C_5H_7S_2^+$	Thioäthylenketale
	$C_3F_5^+$	Perfluoralkylderivate
135	$C_4H_8Br^+$	Alkylbromide
141	$C_{11}H_9^+$	Naphthaline
142	$C_{10}H_8N^+$	Chinoline
149	$C_8H_5O_3^+$	Phthalate
152	$C_{12}H_8^{+\cdot}$	Diphenylaromaten
165	$C_{13}H_9^+$	Diphenylmethanderivate
167	$C_8H_7O_4^+$	
205	$C_{12}H_{13}O_3^+$	Phthalate
223	$C_{12}H_{15}O_4^+$	

D. A. W. Wendisch, Leverkusen-Bayerwerk

Acronyms and Abbreviations in Molecular Spectroscopy
An Enzyclopedic Dictionary

1990. V, 315 pp. 10 figs. Hardcover DM 98,–
ISBN 3-540-51348-5

Acronyms are extensively used to name new spectroscopic methods. The uninitiated reader of research papers is often confused with terms like ISIS, NERO, TANGO. This dictionary gives correct definitions of acronyms frequently used in molecular spectroscopy and imaging methods, descriptions of physical effects, practical applications and references to the scientific literature for further reading. The bulk of the more than 450 acronyms explained are from NMR and MRI, IR, RAMAN and ESR methods. The dictionary is arranged alphabetically and indexes, e.g. a subject index, allow easy access to the information. This book is an invaluable source for the spectroscopist.

Springer-Verlag
Berlin
Heidelberg
New York
London
Paris
Tokyo
Hong Kong
Barcelona

E. Pretsch, T. Clerc, J. Seibl, W. Simon

Tables of Spectral Data for Structure Determination of Organic Compounds

Translated from the German by K. Biemann

2nd ed. 1989. XIII, 415 pp. (Chemical Laboratory Practice)
Softcover DM 78,- ISBN 3-540-51202-0

From the contents: Introduction. - Abbreviations and Symbols. - Summary Tables. - Combination Tables. - 13C-Nuclear Magnetic Resonance Spectroscopy. - Proton Resonance Spectroscopy. - Infrared Spectroscopy. - Mass Spectrometry. - UV/VIS (Spectroscopy in the Ultraviolet or Visible Region of the Spectrum). - Subject Index.

This book represents a compilation of spectroscopic reference data in the format of tables and charts and their correlation to molecular structure. It is intended to aid the interpretation of UV-, IR-, NMR- and mass spectra and complements text- and reference books on these techniques. It is designed to be of use to students as well as to the every day practitioner and expert in the field.

This second edition has been improved by among other things adding data on new compound classes and on C13-NMR-spectra.

MIX
Papier aus verantwortungsvollen Quellen
Paper from responsible sources
FSC® C105338

If you have any concerns about our products,
you can contact us on
ProductSafety@springernature.com

In case Publisher is established outside the EU,
the EU authorized representative is:
**Springer Nature Customer Service Center GmbH
Europaplatz 3, 69115 Heidelberg, Germany**

Printed by Libri Plureos GmbH
in Hamburg, Germany